真题部分

# 5套真题3套模拟
## 二建法规

建造师考试研究院　组编

# 前　言

二级建造师是建筑类专业岗位的一种执业资格，是担任项目经理的前提条件。取得建造师执业资格证书并经过注册登记后，即获得二级建造师注册证书，注册后的建造师方可受聘执业。二级建造师执业资格考试实行全国统一大纲，各省、自治区、直辖市命题并组织考试的制度。

本套丛书根据考试科目共分为二建法规、二建管理、二建建筑、二建市政、二建机电、二建公路、二建水利七册，可供参加全国二级建造师执业资格考试的考生参考使用。

本套丛书特点如下：

**真题详解，指点技巧，专家引导。** 本套丛书对近年来的真题进行详细讲解，向考生展示考试的重点和难点，总结历年考试的命题规律，帮助考生深刻领会命题人的出题意图，获得专家般的点拨。

**临考押题，把握趋势，突破无忧。** 在真题详解的基础上，建造师考试研究院又精心编写了具有预测性质的模拟试卷，力图通过对考点的精准把握帮助考生进行考前"练兵"，达到事半功倍的复习效果。

**扫码听课，名师讲解，快速提高。** 针对部分考试重难点，试卷配以环球网校录制的考试微课，考生可以通过扫码听课，在老师的带领下把握做题的思路和关键点，绕过命题人埋的"坑"，使备考达到事半功倍的效果。

本套试卷采用纸质题目，考生扫码登录小程序，即可查看试卷的答案解析。该小程序使用说明如下：

**扫码电子答题。** 考生扫描试卷标题下方二维码，即可实现电子答题；答题完毕后，一键获取精准评分及错题标注，点击错题即可直观查看对应的解析内容，无须自行翻阅查找。

**实战模考强化。** 考生扫描试卷目录页中的二维码，即可领取两套"全真机考模拟试卷"，实务操作和案例分析题的参考答案及解析可在该小程序首页"备考资料领取"中查看。

**进入学习中心。** 考生点击该小程序首页"学习中心"，即可跳转直达"环球网校在线课堂"小程序来观看学习课程，无须单独收藏"环球网校在线课堂"小程序。

**免费课程领取。** 考生点击该小程序首页"课程领取"，即可获得随书赠送课程。

**免费题库领取。** 考生点击该小程序首页"题库领取"，即可获得环球网校赠送的海量题库。

**备考资料领取。** 考生点击该小程序首页"备考资料领取"中的"更多"选项，即可获得考试大纲、思维导图、考前抢分必背手册等海量电子资料包（赠送电子资料包暂时无法下载打印，仅可在小程序内查阅）。

建造师考试研究院

# 2024年全国二级建造师执业资格考试

## 建设工程法规及相关知识

[第一批 A 卷  6月1日  13：30—15：30]

微信扫码，获取配套专属增值服务

- 开启考试模式
- 记录得分、正确率及排名
- 回看错题解析

电子答题卡

一、单项选择题（共60题，每题1分。每题的备选项中，只有1个最符合题意）

1. 预告登记后，未经预告登记的权利人同意，处分该不动产的，产生的法律效果是（    ）。
   A. 不发生物权效力
   B. 预告登记失效
   C. 权利人善意取得不动产物权
   D. 通知预告登记人后，可以产生不动产物权变动的效果

2. 下列关于著作权的说法中，正确的是（    ）。
   A. 单位作品的著作权归单位法定代表人所有
   B. 自然人的作品，其发表权、使用权和获得报酬权的保护期，为作者终生
   C. 自然人的软件著作权，保护期为自然人终生及其死亡后50年
   D. 法人或者非法人组织的作品，其署名权的保护期为50年

3. 下列关于侵权损害赔偿的说法中，正确的是（    ）。
   A. 侵害他人造成他人死亡的，仅需赔偿死亡赔偿金
   B. 二人以上共同实施侵权行为，造成他人损害的，应当由主要责任人承担责任
   C. 二人以上分别实施侵权行为造成同一损害的，应当平均承担责任
   D. 二人以上依法承担连带责任的，权利人有权请求部分或者全部连带责任人承担责任

4. 建筑物、构筑物或者其他设施倒塌造成他人损害的，责任应当由（    ）。
   A. 施工企业承担全部责任
   B. 建设单位承担全部责任
   C. 建设单位和施工企业承担连带责任
   D. 建设单位先行承担赔偿责任后，再进行责任区分

5. 下列情形中,暂予免征环境保护税的是( )。
   A. 规模化农业养殖排放应税污染物的
   B. 铁路机车运输的设备排放应税污染物的
   C. 依法设立的城乡污水集中处理场所排放相应应税污染物,不超过国家和地方规定的排放标准的
   D. 纳税人综合利用固体废物的

6. 下列情形中,施工合同无效的是( )。
   A. 施工企业超越资质等级订立的
   B. 未经公开招标订立的
   C. 建设单位在订立合同后开工前取得建设工程规划许可证的
   D. 施工企业的分公司以施工企业名义签署的

7. 下列试块、试件和材料中,必须实施见证取样和送检的是( )。
   A. 用于非承重结构的钢筋及连接接头试件
   B. 用于防水层上填充的细石骨料
   C. 抹灰砂浆中使用的掺加剂
   D. 屋面使用的防水材料

8. 下列情形中,不需要办理施工许可证的是( )。
   A. 古建筑的修缮
   B. 中小型工程
   C. 军用房屋建筑工程建筑活动
   D. 农村自建住宅的建筑活动

9. 下列项目中,依法必须进行招标的是( )。
   A. 施工单项合同估算价为 8 000 万元的民营企业厂房项目
   B. 施工单项合同估算价为 3 000 万元的某公路建设施工项目
   C. 监理单项合同估算价为 50 万元的房屋建筑项目
   D. 与某防洪项目有关的 100 万元的重要设备采购项目

10. 根据《建设工程安全生产管理条例》,下列关于合同工期的说法中,正确的是( )。
    A. 合同工期是法定的期限
    B. 合同约定的工期不包括按照合同约定所作的期限变更
    C. 不得压缩合同约定的工期
    D. 合同工期不是施工合同的实质性条款

11. 下列关于建设单位质量责任和义务的说法中,正确的是( )。
    A. 不得直接发包预拌混凝土专业分包工程
    B. 不得购入用于工程的装配式建筑构配件、建筑材料和设备
    C. 在开工前办理的工程质量监督手续应当与施工许可证或者开工报告合并办理
    D. 在办理工程质量监督手续前签署工程质量终身责任承诺书的项目负责人不得更换

12. 根据《生产安全事故报告和调查处理条例》,下列关于生产安全事故等级划分标准的说法中,正确的是( )。
    A. 造成 20 人死亡的事故属于较大事故
    B. 造成 4 000 万元直接经济损失的事故属于重大事故
    C. 造成 1 500 万元直接经济损失的事故属于一般事故

D. 造成40人死亡的事故属于特别重大事故

13. 关于自然人民事权利能力的说法，正确的是（　　）。
    A. 从出生时起到死亡后50年内，具有民事权利能力
    B. 民事权利能力与民事行为能力范围一致
    C. 包括自然人承担民事义务的法律资格
    D. 民事权利能力存在不平等性

14. 根据《建筑法》，关于施工许可证期限的说法，正确的是（　　）。
    A. 既不开工又不申请延期或者超过延期时限的，施工许可证自行废止
    B. 建设单位应当自领取施工许可证之日起6个月内开工
    C. 因故不能按期开工的，应当向项目所在地人民政府申请延期
    D. 延期以三次为限，每次不超过3个月

15. 根据《建设工程企业资质管理制度改革方案》，关于施工企业资质类别和等级的说法，正确的是（　　）。
    A. 施工总承包甲级资质可以承担各行业、各等级施工总承包业务
    B. 专业承包资质和专业作业资质不分等级
    C. 专业作业资质由审批制改为备案制
    D. 施工总承包乙级资质承包业务规模不受限制

16. 关于依法必须进行招标的项目评标的说法，正确的是（　　）。
    A. 评标由招标人依法组建的评标委员会负责
    B. 评标委员会不得有招标人代表
    C. 评标委员会成员的名单在评标前应当公示
    D. 评标委员会成员拒绝在评标报告上签字的，视为不同意评标报告

17. 下列情形中，应当认定为工伤的是（　　）。
    A. 因工外出期间，由于工作原因受到伤害的
    B. 在工作场所内受到事故伤害的
    C. 在工作岗位突发疾病的
    D. 醉酒后驾车回家身亡的

18. 下列纠纷中，属于劳动争议的是（　　）。
    A. 劳动者请求社会保险经办机构发放社会保险金的纠纷
    B. 劳动者因为工伤，请求用人单位给予工伤保险待遇发生的纠纷
    C. 劳动者对劳动能力鉴定委员会的伤残等级鉴定结论异议的纠纷
    D. 家庭与家政服务人员之间的纠纷

19. 总承包单位与分包单位就分包工程的质量向建设单位承担（　　）责任。
    A. 按份　　　B. 连带　　　C. 同等　　　D. 侵权

20. 在正常使用条件下，关于建设工程最低保修期限的说法，正确的是（　　）。
    A. 屋面防水工程为2年　　　　B. 供热与供冷系统为1个采暖期、供冷期
    C. 给排水管道工程为5年　　　D. 设备安装和装修工程为2年

21. 下列人员中,不能作为民事诉讼的证人作证的是(   )。
    A. 因健康原因不能出庭的
    B. 因路途遥远,交通不便不能出庭的
    C. 不能正确表达意思的
    D. 因自然灾害等不可抗力不能出庭的

22. 在承揽合同履行中,发现定作人提供的图纸或者技术要求不合理时,承揽人应当(   )。
    A. 立即进行修改
    B. 严格按照定作人的要求完成
    C. 解除合同
    D. 及时通知定作人

23. 根据《房屋建筑和市政基础设施工程施工安全监督规定》,关于建设工程施工安全监督管理的说法,正确的是(   )。
    A. 施工安全监督人员应当具有工程类中级及以上专业技术职称
    B. 施工安全监督机构监督人员应当占监督机构总人数的60%以上
    C. 工程项目因故中止施工的,监督机构不得对工程项目中止施工安全监督
    D. 施工安全监督包括处理与工程项目施工安全相关的投诉、举报

24. 根据《政府采购非招标采购方式管理办法》,竞争性谈判采购中,采购人在质量和服务均能满足采购文件实质性响应要求的前提下,确定成交供应商的原则是(   )。
    A. 综合评分最高
    B. 综合实力最强
    C. 标的物质量最好
    D. 最后报价最低

25. 关于劳务派遣的说法,正确的是(   )。
    A. 劳务派遣中的劳动关系与用工关系相分离
    B. 劳务派遣主要涉及劳务派遣单位和劳动者双方法律关系
    C. 劳务派遣是目前建筑行业的主要用工形式
    D. 劳务派遣单位不得与劳动者约定试用期

26. 根据《建设工程质量管理条例》,组织有关单位参加建设工程竣工验收的义务主体是(   )。
    A. 监理单位
    B. 施工企业
    C. 建设单位
    D. 建设工程质量监督机构

27. 关于工程监理单位安全责任的说法,正确的是(   )。
    A. 工程监理单位未对施工组织设计中的专项施工方案进行审查造成损失的,由直接责任人员承担赔偿责任
    B. 当施工出现安全隐患,总监理工程师认为有必要停工以消除隐患的,可以签发工程暂停令
    C. 施工企业对发现的安全事故隐患拒不整改的,工程监理单位不再承担责任
    D. 工程监理单位在实施监理过程中,发现存在安全事故隐患的,应当要求施工企业立即暂时停止施工

28. 关于临时建设批准的说法,正确的是(   )。
    A. 临时建设影响控制性详细规划实施的,应当经城市、县人民政府城乡规划主管部门批准
    B. 临时建设不影响近期建设规划的,不需要由主管部门批准

C. 临时建设影响交通、市容、安全等的，不得批准

D. 临时建设应当在使用年限期满后及时拆除

29. 投标有效期的起算时间是（　　）。
   A. 提交投标文件之日　　　　B. 发出中标通知书之日
   C. 订立合同之日　　　　　　D. 提交投标文件的截止之日

30. 下列情形中，属于人民法院行政诉讼受案范围的是（　　）。
   A. 对行政机关为作出行政行为而实施的论证行为不服的
   B. 对行政机关就信访事项作出的受理行为不服的
   C. 对行政指导行为不服的
   D. 对吊销许可证行政处罚不服的

31. 关于施工作业人员依靠工会维护合法权益的说法，正确的是（　　）。
   A. 工会无权组织职工参加本单位安全生产管理工作
   B. 工会有权参加事故调查，向有关部门提出处理意见，并要求追究有关人员的责任
   C. 施工作业人员认为施工现场存在安全问题的，均应首先向工会提出
   D. 工会对施工企业违反安全生产法规，侵犯从业人员合法权益的行为，有权代表从业人员提起诉讼

32. 根据《房屋建筑和市政基础设施工程竣工验收备案管理办法》，关于竣工验收备案的说法，正确的是（　　）。
   A. 备案机关发现建设单位在竣工验收过程中有违反国家有关建设工程质量管理规定行为的，应当责令停止使用，重新组织竣工验收
   B. 备案机关收到施工企业报送的竣工验收备案文件，验证文件齐全后，应当在工程竣工验收备案表上签署文件收讫
   C. 工程竣工验收备案表一式三份，1份由建设单位保存，1份由施工企业保存，1份留备案机关存档
   D. 备案机关决定重新组织竣工验收并责令停止使用的工程，建设单位擅自继续使用造成使用人损失的，由施工企业依法承担赔偿责任

33. 关于非全日制用工的说法，正确的是（　　）。
   A. 非全日制用工双方当事人可以订立口头协议
   B. 非全日制用工以日计酬为主
   C. 劳动者在不同用人单位每周工作时间不超过24小时的，为非全日制用工
   D. 劳动者在同一用人单位每日工作时间不超过4小时的，为非全日制用工

34. 下列情形中，可以申请行政复议的是（　　）。
   A. 行政机关对行政机关工作人员的奖惩决定
   B. 行政机关对民事纠纷作出的调解
   C. 行政机关制定的具有普遍约束力的决定
   D. 认为行政机关侵犯其经营自主权

35. 关于刑罚中附加刑的说法，正确的是（    ）。
    A. 驱逐出境可以适用中国人
    B. 管制属于附加刑
    C. 附加刑可以独立适用
    D. 禁止从事相关职业属于附加刑

36. 行政法比例原则的含义是（    ）。
    A. 行政主体的行政职权必须由法律予以规定
    B. 行政主体不得为了自身的利益欺骗行政相对人
    C. 实施行政行为应当兼顾行政目标的实现和适当性手段的选择
    D. 行政主体应当平等地、无偏私地行使行政权

37. 依据施工企业甲与材料供应商乙订立的买卖合同，甲应当先行支付乙货款的 20% 作为预付款，此时甲有确切证据证明乙经营状况严重恶化，关于甲的做法，正确的是（    ）。
    A. 中止履行，并及时通知对方
    B. 通知乙即刻解除合同
    C. 继续支付预付款
    D. 要求乙承担违约责任

38. 关于仲裁庭组成的说法，正确的是（    ）。
    A. 仲裁案件应当由 3 名仲裁员组成仲裁庭
    B. 首席仲裁员必须由仲裁委员会主任指定
    C. 当事人未在仲裁规则规定的期限内选定仲裁员的，由仲裁委员会主任指定
    D. 当事人约定 3 名仲裁员组成仲裁庭的，必须各自选定 1 名仲裁员

39. 关于买卖合同中标的物毁损、灭失风险负担的说法，正确的是（    ）。
    A. 因买受人的原因致使标的物未按照约定的期限交付的，买受人应当自违反约定时起承担标的物毁损、灭失的风险
    B. 出卖人出卖交由承运人运输的在途标的物，毁损、灭失的风险自标的物交付承运人时起由买受人承担
    C. 出卖人在约定交货时间之前将标的物置于交付地点，买受人未收取的，标的物毁损、灭失的风险自出卖人将标的物置于交付地点时由买受人承担
    D. 出卖人按照约定未交付有关标的物的单证和资料的，标的物毁损、灭失的风险不转移

40. 根据《工程项目招投标领域营商环境专项整治工作方案》，属于重点整治问题的是（    ）。
    A. 设置企业资产总额、净资产规模、营业收入、授信额度等财务指标
    B. 违法限定潜在投标人或者投标人的所有制形式或者组织形式
    C. 将资质资格作为投标条件、加分条件、中标条件
    D. 在开标环节要求投标人的法定代表人或者经授权委托的投标人代表到场

41. 建设单位应当在建设工程竣工验收后（    ）个月内向城乡规划主管部门报送有关竣工验收资料。
    A. 6
    B. 1
    C. 3
    D. 12

42. 二级建造师执业资格考试应试人员在考试过程中发生下列违规行为，应给予其当次全部科目考试成绩无效处理的是（    ）。
    A. 让他人代替自己参加考试的

B. 携带规定以外的电子用品进入座位，经提醒仍不改正的

C. 经提醒仍不按规定书写本人身份信息的

D. 故意损坏试卷的

43. 关于建设工程施工企业安全生产费用提取和使用的说法，正确的是（    ）。
    A. 施工企业可以根据安全生产实际需要，适当提高或降低安全费用提取标准
    B. 施工企业以建筑安装工程造价为依据提取企业安全生产费用
    C. 建设单位应当于签订施工合同前支付施工企业安全生产费用
    D. 竣工决算后结余的安全生产费用归属于施工企业

44. 关于仲裁协议效力确认的说法，正确的是（    ）。
    A. 当事人既可以请求仲裁委员会作出决定，也可以请求人民法院作出裁定
    B. 当事人对仲裁协议效力有异议的，应当在仲裁裁决作出前提出
    C. 当事人对仲裁委员会就仲裁协议效力作出的决定不服的，可以向人民法院申请撤销该决定
    D. 当事人向人民法院申请确认仲裁协议效力的案件，应当由仲裁协议约定的仲裁机构所在地的基层人民法院管辖

45. 根据《注册建造师管理规定》，注册建造师的下列情形中，其注册证书失效的是（    ）。
    A. 已与聘用单位解除聘用合同关系的
    B. 聘用单位还在被申请破产的
    C. 年龄超过60周岁的
    D. 聘用单位被降低资质的

46. 关于建筑施工企业安全生产管理机构安全生产管理人员配备要求的说法，正确的是（    ）。
    A. 建筑施工总承包特级资质企业不少于6人
    B. 建筑施工专业承包一级资质企业不少于4人
    C. 建筑施工劳务分包企业不少于3人
    D. 建筑施工总承包二级以下资质企业不少于1人

47. 关于工程总承包的说法，正确的是（    ）。
    A. 工程总承包单位不得是工程总承包项目的代建单位
    B. 建设内容不明确、技术方案不成熟的项目，适宜采用工程总承包的方式
    C. 工程总承包单位只能由同时具有与工程规模相适应的工程设计资质和施工资质的单位承担
    D. 工程总承包单位不得采用直接发包的方式进行分包

48. 关于职业病防治管理的说法，正确的是（    ）。
    A. 用人单位工作场所存在疾病危害因素的，应当向所在地安全生产监督管理部门申报危害项目，接受监督
    B. 安全生产监督管理部门应当定期对工作场所进行职业病危害因素检测、评价
    C. 职业病危害因素检测、评价结果，应当由安全生产监督管理部门向社会公布
    D. 产生职业病危害的用人单位，应当在醒目位置设置公告栏，公布有关职业病防治的规章制度和操作规程

49. 行为人与相对人以虚假意思表示实施的民事法律行为（ ）。
   A. 有效　　　　　　　　　　　　B. 可撤销
   C. 无效　　　　　　　　　　　　D. 效力待定

50. 根据《建筑市场信用管理暂行办法》，下列属于建筑市场各方主体的是（ ）。
   A. 工程质量监督机构　　　　　　B. 工程咨询人员
   C. 建设行政主管部门　　　　　　D. 注册执业人员

51. 关于工程建设强制性标准监督检查的说法，正确的是（ ）。
   A. 监督检查不得采取抽查方式
   B. 强制性标准监督检查结果应当保密
   C. 国务院住房城乡建设主管部门负责全国实施工程建设性标准的监督管理工作
   D. 建设项目规划审查机构应当对工程建设勘察、设计阶段执行强制性标准的情况实施监督

52. 对于被判处拘役的某犯罪分子，下列情形中，应当宣告缓刑的是（ ）。
   A. 有发明创造的　　　　　　　　B. 接受教育改造的
   C. 没有再犯罪的危险　　　　　　D. 已满75周岁的

53. 根据《关于加强和改进消防工作的意见》，施工企业的消防安全第一责任人是其（ ）。
   A. 法定代表人　　　　　　　　　B. 专职安全员
   C. 专职消防安全员　　　　　　　D. 施工项目负责人

54. 下列权利中，属于物权的是（ ）。
   A. 荣誉权　　　　　　　　　　　B. 商标权
   C. 工程价款优先受偿权　　　　　D. 建设用地使用权

55. 根据《民法典》，动产质权的设立时间是（ ）。
   A. 质权合同签订时　　　　　　　B. 质权合同登记时
   C. 交付质押财产时　　　　　　　D. 质权合同生效时

56. 根据《专利法》，实用新型专利权的期限为（ ）年。
   A. 5　　　　　　　　　　　　　B. 10
   C. 15　　　　　　　　　　　　　D. 20

57. 根据《消防法》，受理建设单位消防验收申请的主管部门是（ ）。
   A. 城乡规划主管部门　　　　　　B. 应急管理部门
   C. 生态环境主管部门　　　　　　D. 住房和城乡建设主管部门

58. 投标人和其他利害关系人认为招标投标活动不符合相关规定的，有权向（ ）提出。
   A. 招标人　　　　　　　　　　　B. 评标委员会
   C. 住房和城乡建设主管部门　　　D. 县级地方人民政府

59. 根据《政府采购法》，对于不能事先计算出总额的货物采购项目，适宜采用的发包方式是（ ）。
   A. 公开招标　　　　　　　　　　B. 单一来源采购
   C. 竞争性谈判　　　　　　　　　D. 询价

60. 根据《建设工程质量管理条例》，组织建设工程施工验收的主体是（　　）。
    A. 建设单位　　　　　　　　　　　B. 建设工程质量监督机构
    C. 设计单位　　　　　　　　　　　D. 监理单位

二、多项选择题（共 20 题，每题 2 分。每题的备选项中，有 2 个或 2 个以上符合题意，至少有 1 个错项。错选，本题不得分；少选，所选的每个选项得 0.5 分）

61. 关于施工企业全员安全生产教育培训的说法，正确的有（　　）。
    A. 施工企业开展职业教育的情况应当纳入企业社会责任报告
    B. 施工企业应当对管理人员和作业人员每年至少进行 2 次安全生产教育培训
    C. 未经安全生产教育培训的人员，不得上岗作业
    D. 施工企业使用被派遣劳动者的，应当对被派遣劳动者进行岗位安全操作规程和安全操作技能的教育和培训
    E. 劳务派遣单位应当对被派遣劳动者进行必要的安全生产教育和培训

62. 根据《住房和城乡建设部办公厅关于开展施工现场技能工人配备标准制定工作的通知》，关于施工现场技能工人的说法，正确的有（　　）。
    A. 扩建市政基础设施工程建设项目，可以不制定相应的施工现场技能工人配备标准
    B. 技能工人包括一般技术工人和建筑施工特种作业人员
    C. 经省级以上人民政府住房和城乡建设主管部门认定的特种作业人员属于建筑施工特种作业人员
    D. 鼓励企业和行业协会积极举办各类技能竞赛，以赛促练、以赛促训
    E. 建筑起重机械司机不属于建筑施工特种作业人员

63. 关于招标投标投诉处理的说法，正确的有（　　）。
    A. 对招标文件投诉的，应当先向招标人提出异议
    B. 投诉人就同一事项向两个以上有权受理的行政监督部门投诉的，由最先收到投诉的行政监督部门负责处理
    C. 招标投标投诉受理人为发展改革部门
    D. 对国家重大建设项目招标投标活动的投诉，由国务院住房和城乡建设部门受理并作出处理决定
    E. 行政监督部门处理投诉，必要时，可以责令暂停招标投标活动

64. 关于施工生产安全事故报告的说法，正确的有（　　）。
    A. 发生事故后，事故现场有关人员应当立即报告本单位负责人
    B. 事故可能造成的伤亡人数不属于事故报告的内容
    C. 特种设备发生事故的，应当同时向特种设备安全监督管理部门报告
    D. 事故发生之日起 30 日内伤亡人数发生变化的，应当及时补报
    E. 事故的简要经过和初步原因属于事故报告的内容

65. 根据《政府采购法》，采用询价方式采购货物应当符合的条件有（　　）。
    A. 有效竞争不足　　　　　　　　　B. 需要多次重复采购
    C. 货物规格、标准统一　　　　　　D. 现货货源充足

E. 价格变化幅度小

66. 关于项目负责人施工现场制度的说法，正确的有（    ）。
   A. 项目负责人应当对工程项目落实带班制度负责
   B. 项目负责人带班生产是项目负责人在施工现场组织协调工程项目的质量安全生产状况
   C. 项目负责人在同一时期只能承担不超过两个工程项目的管理工作
   D. 项目负责人要认真做好带班生产记录并签字存档备查
   E. 项目负责人每月带班生产时间不得少于本月施工时间的60%

67. 关于中国特色社会主义法律体系的说法，正确的有（    ）。
   A. 中国特色社会主义法律体系立足中国国情和实际，适应改革和社会主义现代化建设
   B. 中国特色社会主义法律体系集中体现党和人民意志
   C. 中国特色社会主义法律体系以民法商法为统帅，以刑法、经济法等多个法律部门的法律为主干
   D. 中国特色社会主义法律体系由法律、行政法规、地方法规等多个层次的法律规范构成
   E. 中国特色社会主义法律体系包括国家经济建设、政治建设、文化建设，社会建设以及生态文明建设的各个方面

68. 根据《招标投标违法行为记录公告暂行办法》，关于记录信息数据更正的说法，正确的有（    ）。
   A. 公告部门负责对记录信息数据进行更正
   B. 公告的违法行为记录应当与行政处理决定的相关内容一致
   C. 公告部门接到书面申请后，应当在5个工作日内进行核对
   D. 公告部门在作出答复前应停止对违法行为记录的公告
   E. 公告的记录与行政处理决定的相关内容一致的，无须告知申请人

69. 关于工程建设领域农民工工资支付保障的说法，正确的有（    ）。
   A. 施工合同额低于300万元的工程，且该工程的施工总承包单位在办理施工许可证的三年内承建的工程未发生工资拖欠的，免除该工程存储农民工工资保证金
   B. 任何施工企业和个人不得拖欠农民工工资
   C. 施工企业支付的农民工工资不得低于当地最低工资标准
   D. 农民工工资保证金可以用来支付工程款、材料费
   E. 施工总承包单位在同一工资保证金管理地区有多个在建工程，农民工工资保证金存储比例可适当下浮

70. 编制建设工程勘察、设计文件的法定依据包括（    ）。
   A. 项目的招标文件
   B. 项目批准文件
   C. 城乡规划
   D. 工程建设强制性标准
   E. 国家规定的建设工程勘察、设计深度要求

71. 关于危险性较大的分部分项工程专项施工方案的说法，正确的有（    ）。
   A. 施工企业应当在危险性较大的分部分项工程施工前组织工程技术人员编制专项施工方案
   B. 专项施工方案应当由施工企业负责人审核签字，加盖单位公章

C. 专项施工方案经论证不通过的,施工企业修改后应当重新组织专家论证
D. 危险性较大的分部分项工程实行分包的,由施工总承包单位编制专项施工方案
E. 专项施工方案经论证需修改后通过的,施工企业根据论证报告修改完善后,可以直接实施

72. 关于建设工程价款优先受偿权的说法,正确的有( )。
    A. 未竣工的建设工程质量合格,承包人请求其承建工程的价款就其承建工程部分折价或者拍卖的价款优先受偿的,人民法院应当予以支持
    B. 承包人行使建设工程价款优先受偿权的,应当自工程竣工验收之日起18个月内行使
    C. 装饰装修工程的承包人不享有建设工程价款优先受偿权
    D. 承包人享有的建设工程价款优先受偿权优于抵押权和其他债权
    E. 承包人建设工程价款优先受偿的范围包括逾期支付建设工程价款的利息和违约金

73. 下列情形中,应当中止民事诉讼程序的有( )。
    A. 原告死亡,继承人放弃诉讼权利的
    B. 作为一方当事人的法人终止,尚未确定权利义务承受人的
    C. 一方当事人死亡,需要等待继承人表明是否参加诉讼的
    D. 离婚案件一方当事人死亡的
    E. 被告死亡,没有遗产,也没有应当承担义务的人的

74. 关于土地承包经营权的说法,正确的有( )。
    A. 土地承包经营权不得互换、转让
    B. 耕地的承包期为30年
    C. 林地的承包期为30年至60年
    D. 草地的承包期为30年至50年
    E. 土地承包经营权自登记时设立

75. 关于产品责任的说法,正确的有( )。
    A. 因产品存在缺陷造成他人损害的,生产者应当承担侵权责任
    B. 因产品存在缺陷造成他人损害的,被侵权人可以向产品的生产者请求赔偿,也可以向产品的销售者请求赔偿
    C. 因运输者、仓储者等第三人的过错使产品存在缺陷,造成他人损害的,产品的生产者、销售者赔偿后,有权向第三人追偿
    D. 产品投入流通后发现存在缺陷的,生产者、销售者未及时采取补救措施或者补救措施不力造成损害扩大的,对扩大的损害无须承担侵权责任
    E. 因产品缺陷危及他人人身、财产安全的,被侵权人有权请求生产者、销售者承担停止侵害、排除妨碍、消除危险等侵权责任

76. 根据《无障碍环境建设法》,关于无障碍环境建设监督管理的说法,正确的有( )。
    A. 县级以上人民政府建立无障碍环境建设信息公示制度,定期发布无障碍环境建设情况
    B. 无障碍环境建设评估结果应当向社会公布
    C. 残疾人联合会应当聘请残疾人代表对无障碍环境建设情况进行监督
    D. 对违反《无障碍环境建设法》规定损害社会公共利益的行为,老年人代表可以提起

公益诉讼

E. 乡镇人民政府应当在职责范围内,开展无障碍环境建设工作

77. 根据《城乡规划法》,关于规划变更的说法,正确的有（    ）。

A. 申请变更的主体为施工企业

B. 原则上应当按照规划条件进行建设

C. 确需变更的,必须向城市、县人民政府建设主管部门提出申请

D. 变更内容不符合控制性详细规划的,主管部门不得批准

E. 主管部门应当及时将变更后的规划条件通报同级土地主管部门

78. 根据《注册建造师管理规定》,下列属于建造师基本权利的有（    ）。

A. 使用注册建造师名称

B. 执行技术标准、规范和规程

C. 在规定范围内从事执业活动

D. 保管本人注册证书

E. 获得高薪

79. 关于仲裁程序的说法,正确的有（    ）。

A. 当事人可以委托律师和其他代理人进行仲裁活动

B. 申请人未提交答辩书的,仲裁程序延期进行

C. 当事人达成有效仲裁协议,一方向人民法院起诉未声明有仲裁协议,人民法院受理后,另一方在首次开庭前提交仲裁协议的,人民法院应当驳回起诉

D. 仲裁委员会收到仲裁申请书后认为不符合受理条件的,可以口头通知当事人并说明理由

E. 当事人达成有效仲裁协议,一方向人民法院起诉未声明有仲裁协议,人民法院受理后,另一方在首次开庭前未对人民法院受理该案提出异议的,视为放弃仲裁协议

80. 劳动者有权单方解除劳动合同的情形有（    ）。

A. 用人单位未及时足额支付劳动报酬的

B. 用人单位被依法宣告破产的

C. 因劳动合同订立时所依据的客观情况发生重大变化,致使劳动合同无法履行的

D. 用人单位的规章制度违反法律、法规的规定,损害劳动者权益的

E. 劳动者在试用期内提前3日通知用人单位解除劳动合同的

# 2024年全国二级建造师执业资格考试

# 建设工程法规及相关知识

[第二批 A 卷  6月2日  13：30—15：30]

一、单项选择题（共60题，每题1分。每题的备选项中，只有1个最符合题意）

1. 不动产物权的转让，自（　　）发生效力。
   A. 物权合同成立时　　　　B. 物权合同生效时
   C. 受让人实际占有不动产时　　D. 依法登记时

2. 下列财产中，可以进行抵押的是（　　）。
   A. 土地所有权　　　　B. 公益设施
   C. 生产设备　　　　　D. 使用权有争议的财产

3. 工程师张某在本职工作范围内，利用单位的物质技术条件，创作完成一项由单位承担责任的工程设计图。根据《著作权法》，关于该设计图著作权的说法，正确的是（　　）。
   A. 由单位单独享有
   B. 由张某与单位协商决定
   C. 由张某享有，单位在业务范围内有2年优先使用权
   D. 由张某享有署名权，单位享有著作权的其他权利

4. 某批冷冻海鲜由甲公司生产，乙公司运输，丙公司销售。因乙公司运输车辆冷藏设备故障造成该批海鲜变质，张某从丙公司购买食用后中毒。根据《民法典》，下列说法正确的是（　　）。
   A. 张某只能向甲公司请求赔偿
   B. 张某只能向乙公司请求赔偿
   C. 张某只能向丙公司请求赔偿
   D. 张某既可以向甲公司，也可以向丙公司请求赔偿

5. 关于从建筑物中抛掷物品致人损害责任承担的说法，正确的是（  ）。
   A. 由物业服务企业承担侵权责任
   B. 由侵权人和物业服务企业共同承担侵权责任
   C. 由建筑物的所有使用人共同给予补偿
   D. 难以确定具体侵权人的，由可能加害的建筑物使用人给予补偿

6. 下列行政行为中，属于行政强制措施的是（  ）。
   A. 吊销许可证件
   B. 没收违法所得
   C. 责令停产停业
   D. 查封施工场所

7. 关于施工许可证申请条件的说法，正确的是（  ）。
   A. 建设资金已经落实
   B. 施工场地已具备施工条件，需要征收房屋的，征收工作应全部完成
   C. 施工图设计文件已按规定审查合格
   D. 已经办理建设用地使用权登记

8. 下列项目中，不能免征增值税的是（  ）。
   A. 古旧图书
   B. 直接用于科学研究的进口仪器
   C. 外国政府无偿援助的进口物资
   D. 粮油公司销售的农产品

9. 关于建筑业企业资质申请流程的说法，正确的是（  ）。
   A. 企业首次申请或者增项申请资质，可以申请最高等级资质
   B. 持有施工总承包、专业承包三级资质的企业，可直接申请二级资质
   C. 施工劳务企业完成备案手续后，即可承接施工劳务作业
   D. 具有法人资格的企业可直接申请施工总承包、专业承包一级资质

10. 在封闭式框架协议采购程序中，确定第一阶段入围供应商的评审方法包括价格优先法和（  ）。
    A. 质量优先法
    B. 顺序轮候法
    C. 直接选定法
    D. 综合评估法

11. 根据《最高人民法院关于民事诉讼证据的若干规定》（2019年修正），下列证据中，不能单独作为认定案件事实根据的是（  ）。
    A. 当事人陈述
    B. 书证
    C. 物证
    D. 鉴定意见

12. 某工程施工现场发生基坑坍塌事故，造成2人死亡，10人重伤，直接经济损失900余万元。根据《生产安全事故报告和调查处理条例》，该事故等级应当认定为（  ）。
    A. 一般事故
    B. 重大事故
    C. 特别重大事故
    D. 较大事故

13. 根据《行政诉讼法》，下列情形中，人民法院应当判决撤销或部分撤销行政行为的是（  ）。
    A. 行政行为证据确凿，适用法律、法规正确，符合法定程序的

B. 行政机关超越职权作出行政行为的

C. 行政行为程序轻微违法，但对原告权利不产生实际影响的

D. 行政行为对款额的确定确有错误的

14. 关于行政法基本原则的说法，正确的是（    ）。

   A. 行政合理性原则的基本内涵包括比例原则和公众参与两个方面

   B. 依法行政原则是行政法的首要原则

   C. 依据高效便民原则，行政主体在必要情况下可以进行"钓鱼执法"

   D. 依据程序正当原则，行政主体对其作出的行政行为不得任意反悔

15. 甲公司向乙公司订购2台同型号的施工设备，同时订购了配套维修工具。合同约定，设备与维修工具分两批交货。根据《民法典》，关于该合同解除的说法，正确的是（    ）。

   A. 如果因设备不符合约定而解除合同，解除的效力及于维修工具

   B. 如果因维修工具不符合约定而解除合同，解除的效力及于设备

   C. 如果其中1台设备质量不符合约定，甲公司可以就全部2台设备解除合同

   D. 如果第二批交付的设备不符合约定，甲公司可以就第一批交付的设备解除合同

16. 关于联合体投标的说法，正确的是（    ）。

   A. 联合体应当由两个以上法人组成

   B. 由同一专业的单位组成的联合体，应按照资质等级较高的单位确定资质等级

   C. 联合体中标的，联合体各方应当分别与招标人签订合同

   D. 资格预审后联合体增减、更换成员的，其投标无效

17. 关于建设工程分包的说法，正确的是（    ）。

   A. 专业作业承包人可以将其承包的劳务再分包

   B. 承包人可以将其承包的全部建设工程分包给第三人

   C. 承包人可以将其承包的工程分包给个人

   D. 经发包人同意，总承包人可以将其承包工程的非主体结构部分交由第三人完成

18. 关于建筑市场信用信息的说法，正确的是（    ）。

   A. 建筑市场信用信息仅在全国建筑市场信息平台公开，各省市无权搜集和公开

   B. 建筑市场信用信息由基本信息和优良信用信息构成，不包括不良信用信息

   C. 建筑市场优良信用信息是指建筑市场主体获得的县级以上行政机关或群团组织表彰奖励等信息

   D. 建筑市场基本信息是指注册登记信息、资质信息、工程项目信息、注册执业人员信息、奖惩信息等

19. 根据《建设工程安全生产管理条例》，对于采用特殊结构的建设工程，应当提出保障施工作业人员安全和预防生产安全事故措施建议的主体是（    ）。

   A. 设计单位

   B. 造价咨询单位

   C. 施工单位

   D. 建设单位

20. 某工程施工作业人员张某在作业过程中，发现正在吊装的预制构件在高空失衡晃动将要脱落，直接危及施工现场安全，立即停止作业并迅速躲避。张某的行为属于行使（　　）。
   A. 获得救治权  B. 拒绝违章指挥权
   C. 正当防卫权  D. 紧急避险权

21. 根据《建设工程质量保证金管理办法》，关于缺陷责任期的说法，正确的是（　　）。
   A. 由于发包人原因导致工程无法按规定期限进行竣工验收的，在承包人提交竣工验收报告90天后，工程自动进入缺陷责任期
   B. 缺陷责任期最短不得少于2年，具体期限由发、承包双方在合同中约定
   C. 缺陷责任期从承包人提交竣工验收报告之日起计
   D. 由于承包人原因导致工程无法按规定期限进行竣工验收的，缺陷责任期从实际完成竣工验收备案之日起计

22. 根据《建设工程质量管理条例》，关于竣工验收法定条件的说法，正确的是（　　）。
   A. 完成建设工程合同约定的主要内容
   B. 有完整的技术档案和施工管理资料
   C. 完成工程保修书的起草
   D. 有工程使用的主要建筑材料的交货签收文件

23. 根据《民法典》，托运人或者收货人不支付运费、保管费或者其他费用的，除当事人另有约定外，承运人对相应的运输货物享有（　　）。
   A. 提存权  B. 拍卖权
   C. 拒绝运输权  D. 留置权

24. 关于评标的说法，正确的是（　　）。
   A. 评标委员会认为所有投标都不符合招标文件要求的，可以决定投标报价最接近标底的投标人中标
   B. 评标委员会成员拒绝在评标报告上签字，且未陈述不同意见和理由的，视为不同意评标结果
   C. 招标项目设有标底的，标底在开标前应当保密，并在评标时作为参考
   D. 招标文件中没有规定的标准和方法在必要时也可以作为评标的依据

25. 关于劳动争议调解的说法，正确的是（　　）。
   A. 劳动争议调解的原则是公平、公正、公开
   B. 只有当事人提出申请，劳动争议调解程序才能启动
   C. 企业劳动争议调解委员会由职工代表、企业代表和行政主管部门代表组成
   D. 经调解达成调解协议的，调解委员会应当制作调解协议书

26. 根据《保障中小企业款项支付条例》，机关、事业单位从中小企业采购货物、工程、服务，除合同另有约定外，应当自货物、工程、服务交付之日起（　　）日内支付款项。
   A. 15  B. 30
   C. 60  D. 90

27. 根据《建筑施工企业安全生产许可证管理规定》，属于应当注销安全生产许可证情形的是（　　）。
   A. 安全生产许可证颁发管理机关超越法定职权颁发安全生产许可证的
   B. 施工企业破产、倒闭、撤销的
   C. 安全生产许可证颁发管理机关对不具备安全生产条件的施工企业颁发安全生产许可证的
   D. 安全生产许可证颁发管理机关工作人员滥用职权、玩忽职守颁发安全生产许可证的

28. 根据《建筑施工企业负责人及项目负责人施工现场带班暂行办法》，项目负责人每月带班生产时间不得少于本月施工时间的（　　）。
   A. 40%　　　　B. 80%　　　　C. 50%　　　　D. 60%

29. 根据《工伤保险条例》，职工的下列情形中，应当认定为工伤的是（　　）。
   A. 因工外出期间，发生事故下落不明的
   B. 因被单位领导批评，想不开自杀的
   C. 因醉酒，上班期间摔伤的
   D. 吸毒后，开车上班途中撞到前车受伤的

30. 甲公司与乙公司订立书面租赁合同，合同约定甲公司租用乙公司的施工设备，租期12个月，租金月付。租赁期满后，因工程延期，甲公司继续支付租金，乙公司亦未拒绝。根据《民法典》，关于租期届满后甲、乙租赁合同效力的说法，正确的是（　　）。
   A. 甲、乙租赁合同继续有效，但乙有权随时解除租赁合同
   B. 甲、乙租赁合同效力待定，乙公司事后明确同意续租才有效
   C. 因双方并未明确续订租赁合同，甲、乙租赁合同终止
   D. 乙仍接受甲支付的租金，可视为双方租赁合同续订了12个月

31. 根据《噪声污染防治法》，关于建筑施工噪声污染防治的说法，正确的是（　　）。
   A. 对已交付使用的建筑物进行室内装修时应当采取有效噪声防治措施
   B. 建设单位应当按照规定制定噪声污染防治实施方案
   C. 施工单位应当按照规定将噪声污染防治费用列入工程造价
   D. 严禁施工单位夜间进行产生噪声的建筑施工作业

32. 下列行政诉讼案件中，可以适用调解的是（　　）。
   A. 对行政机关作出的关于确认山岭使用权的决定不服的
   B. 认为行政机关侵犯其经营自主权的
   C. 认为行政机关限制竞争的
   D. 请求行政赔偿的

33. 下列情形中，不能导致建设工程代理行为终止的是（　　）。
   A. 代理人的法定代表人死亡的
   B. 代理期限届满的
   C. 被代理人取消委托的
   D. 作为代理人的组织终止的

34. 关于建筑工程节能验收的说法,正确的是（　　）。
   A. 国家实行固定资产投资项目节能评估和备案制度
   B. 对不符合推荐性节能标准的项目,建设单位不得开工建设
   C. 建筑节能分部工程验收合格后方可进行单位工程竣工验收
   D. 建筑节能检验批、分项工程全部合格即可进行节能分部工程验收

35. 根据《建设工程抗震管理条例》,关于建设工程抗震相关主体责任和义务的说法,正确的是（　　）。
   A. 设计单位应当将建筑抗震设防烈度等情况记入建筑使用说明书
   B. 建设单位应当组织工程各参建单位建立隔震减震工程质量可追溯制度
   C. 实行施工总承包的项目,隔震减震装置可以由专业承包单位完成施工
   D. 施工单位应当对已经建成的建设工程的工程抗震构件进行检查和修缮

36. 甲公司与乙公司订立水泥买卖合同,合同约定,甲公司向乙公司购买水泥100吨,甲公司于8月1日前向乙公司支付30%的预付款,余款于10月15日水泥交付后3日内付清。8月1日,甲公司未按合同约定支付预付款。10月15日,甲公司要求乙公司交付水泥。根据《民法典》,乙公司可以行使的权利是（　　）。
   A. 先履行抗辩权　　　　　　B. 同时履行抗辩权
   C. 不安抗辩权　　　　　　　D. 先诉抗辩权

37. 下列情形中,属于行政复议受案范围的是（　　）。
   A. 认为行政机关制定、发布的具有普遍约束力的规范性文件侵犯其合法权益的
   B. 对行政机关作出的人事任免决定不服的
   C. 对行政机关作出的民事纠纷调解不服的
   D. 对行政机关作出的不予受理工伤认定申请的决定不服的

38. 下列行为中,注册建造师依法可以实施的是（　　）。
   A. 允许他人以自己的名义从事执业活动
   B. 同时在两个以上企业受聘或者执业
   C. 变更注册单位前即在另一企业从事执业活动
   D. 办理所负责工程移交手续后变更注册到另一企业

39. 根据《招标投标法实施条例》,潜在投标人或者其他利害关系人对招标文件有异议的,应当在（　　）提出。
   A. 投标有效期内　　　　　　B. 投标截止时间10日前
   C. 评标委员会评审结束前　　D. 招标人发出中标通知书前

40. 下列安全生产责任中,属于建设工程项目专职安全生产管理人员职责的是（　　）。
   A. 组织制定并实施本单位生产安全事故应急救援预案
   B. 现场监督危险性较大工程安全专项施工方案实施情况
   C. 保证本单位安全生产投入的有效实施
   D. 监督在建项目安全生产费用的使用

41. 某建设项目于2023年5月8日领取施工许可证,同年6月16日开工。开工后因极端天

气原因于 2023 年 7 月 24 日中止施工。该项目建设单位应当向发证机关报告中止施工的最迟期限是（　　）。

　　A. 2023 年 6 月 8 日　　　　　　　　B. 2023 年 7 月 16 日
　　C. 2023 年 8 月 24 日　　　　　　　D. 2023 年 10 月 24 日

42. 关于施工单位施工质量检验和返修的说法，正确的是（　　）。
　　A. 隐蔽工程在隐蔽前，应当通知建设单位和勘察、设计单位
　　B. 建设工程竣工验收不合格的，施工单位应当负责返修
　　C. 因建设单位原因导致工程质量缺陷的，施工单位应当无偿修复
　　D. 因修复工程质量缺陷造成逾期交付的，施工单位应承担违约责任

43. 根据《历史文化名城名镇名村保护条例》，在历史文化街区、名镇、名村核心保护范围内，允许建设的工程是（　　）。
　　A. 新建影视摄制基地　　　　　　　　B. 新建商业综合体
　　C. 扩建办公楼　　　　　　　　　　　D. 扩建必要的基础设施

44. 依据罪责刑相适应原则，刑罚的轻重，应当与犯罪分子（　　）和承担的刑事责任相适应。
　　A. 所犯罪行　　　　　　　　　　　　B. 人身危险性
　　C. 社会危害性　　　　　　　　　　　D. 犯罪态度

45. 建设工程施工合同纠纷的管辖法院是（　　）。
　　A. 建设工程所在地人民法院
　　B. 发包人住所地人民法院
　　C. 承包人住所地人民法院
　　D. 发包人和承包人约定的人民法院

46. 下列施工合同中，属于有效合同的是（　　）。
　　A. 甲施工企业超越资质等级许可范围签订的施工总承包合同
　　B. 乙施工企业借用其他企业资质证书签订的专业承包合同
　　C. 丁施工劳务企业与某专业承包企业签订的劳务分包合同
　　D. 丙施工企业在中标合同之外与发包人签订的无偿建设配套设施的施工总承包合同

47. 根据《无障碍环境建设法》，关于无障碍环境建设宣传教育的说法，正确的是（　　）。
　　A. 高等学校、中等职业学校等应当开设无障碍环境建设相关专业和课程
　　B. 各类职业资格和继续教育的考试内容应当包括无障碍环境建设知识
　　C. 建筑、交通运输等相关学科专业应当增加无障碍环境建设的教学和实践内容
　　D. 企业事业单位应当对工作人员进行无障碍服务知识与技能培训

48. 关于施工水污染防治禁止事项的说法，正确的是（　　）。
　　A. 禁止向水体排放含放射性物质的废水
　　B. 禁止向水体排放含热废水
　　C. 禁止向城镇排水设施排放污水
　　D. 禁止向水体排放工业废渣

49. 4月20日,甲向乙发出函件称:"本单位欲以每吨3 800元的价格出售螺纹钢100吨,如欲购买,请于5月10日前回复。"乙于4月27日收到甲的函件,并于次日回函表示愿意购买。但由于投递错误,乙的回函于5月11日才到达甲处,因已超过5月10日的最后期限,甲未再理会乙,而将钢材出售给他人。根据《民法典》,关于甲、乙之间合同的说法,正确的是（　　）。

   A. 合同成立且已生效,乙有权要求甲履行合同

   B. 合同未成立,甲对乙不承担任何责任

   C. 合同未成立,但乙有权要求甲赔偿信赖利益损失

   D. 合同成立但未生效,甲有权以承诺迟到为由撤销要约

50. 根据《劳动合同法》,用人单位不必提前预告即可与劳动者解除劳动合同的情形是（　　）。

   A. 用人单位生产经营发生严重困难的

   B. 劳动者在试用期间被证明不符合录用条件的

   C. 劳动者患病不能从事原工作的

   D. 劳动者受到行政处罚的

51. 关于建设工程施工企业安全生产费用提取的说法,正确的是（　　）。

   A. 施工企业提取的安全生产费用不列入工程造价

   B. 施工企业不得提高安全生产费用提取标准

   C. 施工企业以建筑安装工程造价为计提依据

   D. 总承包单位与分包单位按比例各自提取安全生产费用

52. 根据《职业病防治法》,劳动者享有的职业卫生保护权利是（　　）。

   A. 获得职业安全教育培训

   B. 要求用人单位提供安全防护设施

   C. 建立职业卫生管理制度和操作规程

   D. 对职业病防治工作提出意见和建议

53. 关于注册建造师注册证书失效及注销的说法,正确的是（　　）。

   A. 注册建造师聘用单位破产的,其注册证书应依法被吊销

   B. 注册建造师年龄超过60周岁的,其注册证书应依法被撤销

   C. 注册建造师受到刑事处罚的,其注册证书和执业印章由注册机关收回并办理注销手续

   D. 注册建造师注册有效期满未延续注册的,其注册证书应依法被吊销

54. 下列情形中,应当对犯罪分子予以减刑的是（　　）。

   A. 犯罪情节较轻的　　　　　　　B. 遵守监规,确有悔改表现的

   C. 阻止他人重大犯罪活动的　　　D. 已满75周岁的

55. 根据《城乡规划法》,关于规划验收的说法,正确的是（　　）。

   A. 建设工程是否符合规划条件,应当由县级人民政府城乡规划主管部门按规定予以核实

   B. 经核实不符合规划条件的建设工程,建设单位获得有关人民政府土地主管部门批准

可以组织竣工验收

C. 规划条件未经核实的建设工程，建设单位不得组织竣工验收

D. 施工单位应当在竣工验收后向城乡规划主管部门报送有关竣工验收资料

56. 下列纠纷中，可以申请仲裁的是（　　）。
   A. 收养协议纠纷
   B. 工程合同纠纷
   C. 遗产继承纠纷
   D. 监护资格纠纷

57. 关于建筑起重机械安装单位安全责任的说法，正确的是（　　）。
   A. 安装单位应当与建设单位签订建筑起重机械安装、拆卸工程安全协议书
   B. 建筑起重机械安装完毕后，安装单位应当自检，出具自检合格证明
   C. 施工总承包企业不负责对建筑起重机械安装、拆卸工程专项施工方案的审核
   D. 建筑起重机械安装完毕后，安装单位应向建设单位进行安全使用说明，办理验收手续并签字

58. 关于建设工程安全生产监督管理体制的说法，错误的是（　　）。
   A. 国务院负责安全生产监督管理的部门对全国建设工程安全生产工作实施综合监督管理
   B. 国务院建设行政主管部门对全国的建设工程安全生产实施监督管理
   C. 施工安全监督人员应当具有五年及以上施工安全管理经验
   D. 县级以上地方人民政府住房城乡建设主管部门可以将施工安全监督工作委托所属的施工安全监督机构具体实施

59. 关于工程竣工验收后提交档案资料的说法，正确的是（　　）。
   A. 施工分包单位应将本单位形成的工程文件立卷后向施工总承包单位移交
   B. 勘察、设计等单位应当将本单位形成的工程文件立卷后向施工单位移交
   C. 建设单位应当在工程竣工验收后6个月内向城建档案馆报送建设工程档案
   D. 建设单位编制的建设工程电子档案可不移交城建档案馆

60. 根据《建设工程质量管理条例》，关于工程监理单位质量责任和义务的说法，正确的是（　　）。
   A. 不得与建设单位有隶属关系
   B. 对施工质量承担连带责任
   C. 不得转让工程监理业务
   D. 组织建设工程竣工验收

二、多项选择题（共20题，每题2分。每题的备选项中，有2个或2个以上符合题意，至少有1个错项。错选，本题不得分；少选，所选的每个选项得0.5分）

61. 根据《房屋市政工程生产安全事故报告和查处工作规程》，事故报告的内容应当包括（　　）。☆
   A. 事故工程项目的造价咨询单位及其法定代表人
   B. 事故发生的时间、地点和工程项目名称
   C. 事故已经造成或者可能造成的伤亡人数
   D. 事故的简要经过和初步原因
   E. 事故工程项目的施工单位及其法定代表人和项目经理

注：此类加☆的题目，其知识点已删除，可略过学习。

62. 根据《立法法》，下列事项中，只能制定法律的有（　　）。
   A. 民族区域自治制度　　　　　　　B. 税收基本制度
   C. 犯罪和刑罚　　　　　　　　　　D. 属于国务院行政管理职权的事项
   E. 限制人身自由的强制措施和处罚

63. 根据《建设工程安全生产管理条例》，下列分部分项工程中，属于达到一定规模的危险性较大，需要编制专项施工方案，并附具安全验算结果的有（　　）。
   A. 模板工程　　　　　　　　　　　B. 脚手架工程
   C. 装饰装修工程　　　　　　　　　D. 拆除、爆破工程
   E. 土方开挖工程

64. 根据《最高人民法院关于审理建设工程施工合同纠纷案件适用法律问题的解释（一）》，当事人对建设工程开工日期有争议的，人民法院的认定规则包括（　　）。
   A. 发包人或者监理人发出开工通知后，尚不具备开工条件的，以开工条件具备的时间为开工日期
   B. 因承包人原因导致开工时间推迟的，以开工通知载明的时间为开工日期
   C. 发包人或者监理人未发出开工通知，以承包人实际进场施工时间为开工日期
   D. 承包人经发包人同意已经实际进场施工的，以实际进场施工时间为开工日期
   E. 发包人或者监理人未发出开工通知，也无相关证据证明实际开工日期的，应当以施工许可证载明的时间为开工日期

65. 下列权利中，属于用益物权的有（　　）。
   A. 留置权　　　B. 宅基地使用权　　　C. 地役权　　　D. 占有权
   E. 土地承包经营权

66. 关于建立、健全施工企业职工教育培训制度的说法，正确的有（　　）。
   A. 教育培训考核不合格的人员不得上岗作业
   B. 充分发挥住房和城乡建设主管部门的技能培训主体作用
   C. 大力推行现代学徒制和企业新型学徒制
   D. 加大对装配式建筑等新兴职业（工种）建筑工人的培养
   E. 鼓励企业和行业协会积极举办各类技能竞赛

67. 根据《招标投标法实施条例》，下列施工项目中，可以采用邀请招标方式发包的有（　　）。
   A. 国家重点项目，经国务院发展计划部门批准不公开招标的
   B. 需要向原中标人采购工程，否则将影响施工的
   C. 受自然环境限制，只有少量潜在投标人可供选择的
   D. 施工主要技术需要使用某项不可替代的专利的
   E. 采用公开招标方式的费用占项目合同金额的比例过大的

68. 根据《无障碍环境建设法》，关于县级以上人民政府有关主管部门对无障碍建设监督管理的说法，正确的有（　　）。
   A. 根据工作需要开展联合监督检查

B. 及时处理并答复涉及无障碍环境建设的投诉

C. 不定期发布无障碍环境建设情况

D. 对无障碍环境建设情况开展舆论监督

E. 定期委托第三方机构开展无障碍环境建设评估

69. 某大学在建新校区因情况变化涉及规划变更。关于该新校区规划变更的说法，正确的有（　　）。

A. 该大学应当向城乡规划主管部门提出变更申请

B. 变更内容不符合控制性详细规划的，城乡规划主管部门不得批准

C. 该大学应当及时将依法变更后的规划条件报有关人民政府土地主管部门备案

D. 该大学应当组织听证会，听取利害关系人对规划变更的意见

E. 城乡规划主管部门应当及时将依法变更后的规划条件报告上一级土地主管部门并公示

70. 根据《劳动合同法》，劳动合同按期限可以分为（　　）。

A. 固定期限劳动合同

B. 无固定期限劳动合同

C. 非全日制用工劳动合同

D. 以完成一定工作任务为期限的劳动合同

E. 零散用工劳动合同

71. 根据《建设工程安全生产管理条例》，下列职责中，属于施工企业在施工现场的消防安全责任的有（　　）。

A. 在施工现场建立消防安全责任制度

B. 确定消防安全责任人

C. 建立专职消防队

D. 制定用火、用电等消防安全管理制度和操作规程

E. 设置消防通道、消防水源，配备消防设施和灭火器材

72. 关于建筑市场信用信息公布内容和范围的说法，正确的有（　　）。

A. 属于国家认定标准范围的不良行为记录，只能由住房和城乡建设部在全国统一公布

B. 公开建筑市场各方主体信用信息不得泄露国家秘密、商业秘密和个人隐私

C. 通过与工商、税务等部门信息共享获取的各方主体不良信用信息，省、自治区、直辖市建设行政主管部门应在本地区统一公布

D. 行政处罚决定被变更或撤销的，应及时更改或删除该不良记录

E. 对招标投标违法行为作出的罚款处理决定应给予公告，但警告处理决定可不予公告

73. 张某与甲建筑公司发生劳务纠纷，准备起诉甲公司。根据《民事诉讼法》，下列人员中，可以作为张某诉讼代理人的有（　　）。

A. 其在中学工作的同学　　　　B. 其做公务员的邻居

C. 其所在街道的基层法律服务工作者　　D. 其从事送外卖工作的哥哥

E. 其在甲公司工作的工友

74. 下列情形中，属于注册建造师可以同时担任两个及以上建设工程施工项目负责人的有（    ）。
   A. 同一工程相邻分段发包的　　　　B. 同一工程分期施工的
   C. 合同约定的工程验收合格的　　　D. 经受聘企业同意的
   E. 因非承包方原因致使工程项目停工超过120天，经建设单位同意的

75. 某公司进入破产重整程序，需要裁员30人。根据《劳动合同法》，属于应当优先留用的人员有（    ）。
   A. 与该公司订立无固定期限劳动合同的
   B. 家庭有未成年人的
   C. 与该公司订立较长期限的固定期限劳动合同的
   D. 家庭无其他就业人员，有需要扶养的老人的
   E. 新入职但负有工伤的

76. 关于设计单位质量责任和义务的说法，正确的有（    ）。
   A. 应当取得相应等级的资质证书　　B. 应当执行工程建设强制性标准
   C. 应当参与建设工程质量事故分析　D. 应当对建设工程质量承担全面责任
   E. 不得对有特殊要求的专用设备指定供应商

77. 根据《政府采购法》，下列情形中，符合询价方式采购条件的有（    ）。
   A. 货物技术复杂或性质特殊　　　　B. 货物规格、标准统一
   C. 现货货源充足　　　　　　　　　D. 货物涉及技术秘密或独家专利
   E. 价格变化幅度小

78. 某公司因工程款纠纷申请仲裁，仲裁申请书应当载明的事项有（    ）。
   A. 该公司的名称、住所　　　　　　B. 提出申请所依据的仲裁规则
   C. 该公司的法定代表人姓名、职务　D. 仲裁请求和所根据的事实、理由
   E. 证据和证据来源、证人姓名和住所

79. 关于建筑物倒塌致人损害责任承担的说法，正确的有（    ）。
   A. 由施工单位独立承担责任
   B. 由建设单位独立承担责任
   C. 由建设单位与施工单位承担连带责任
   D. 建设单位与施工单位能够证明建筑物不存在质量缺陷的，不承担责任
   E. 因建筑物所有人的原因造成建筑物倒塌的，由所有人承担责任

80. 下列情形中，施工企业应当对作业人员进行安全生产教育培训的有（    ）。
   A. 作业人员进入新的岗位前
   B. 施工项目采用新技术、新设备时
   C. 施工现场发生重大安全事故时
   D. 新入职作业人员上岗前
   E. 作业人员进入新的施工现场前

# 2023年全国二级建造师执业资格考试

# 建设工程法规及相关知识

[6月3日 14:00—16:00]

一、单项选择题（共60题，每题1分。每题的备选项中，只有1个最符合题意）

1. 关于法人类型的说法，正确的是（　　）。
   A. 法人分为营利法人、非营利法人和特别法人
   B. 营利法人的设立无须登记
   C. 特别法人是指农村集体经济组织法人
   D. 非营利法人包括机关法人、事业单位、社会团体、基金会等

2. 关于无权代理的说法，正确的是（　　）。
   A. 无权代理人实施的行为，对被代理人一律不发生效力
   B. 无权代理发生后，相对人可以催告被代理人，被代理人未作表示的，视为追认
   C. 表见代理属于有权代理
   D. 无权代理一般有自始未经授权、超越代理权和代理权已终止三种表现形式

3. 根据《专利法》，授予外观设计专利权的特有条件是（　　）。
   A. 新颖性　　　　　　　　　　B. 创造性
   C. 实用性　　　　　　　　　　D. 富有美感

4. 甲企业对乙企业的债务提供保证担保，但没有约定保证方式。根据《民法典》，甲企业依法应承担（　　）。
   A. 一般保证责任
   B. 连带保证责任
   C. 按份保证责任
   D. 优先保证责任

5. 关于建筑工程一切险的说法，正确的是（　　）。☆
   A. 被保险人包括对工程承担一定风险的有关各方
   B. 保险责任范围仅限于自然事件，如地震、海啸、雷电等
   C. 保险期限的起始日在特殊情况下可以超出保险单明细表中列明的保险生效日
   D. 建筑工程一切险不得加保第三者责任险

注：此类加☆的题目，其知识点已删除，可略过学习。

6. 根据《刑法》，下列刑罚中，属于主刑的是（　　）。
   A. 没收财产　　　　　　　　　B. 剥夺政治权利
   C. 管制　　　　　　　　　　　D. 驱逐出境

7. 关于建筑业企业资质的说法，正确的是（　　）。
   A. 企业只能申请一项建筑业企业资质
   B. 企业申请建筑业企业资质的，应当提交纸质申请材料
   C. 企业资质证书有效期为5年
   D. 建筑业企业施工劳务资质采用审批制

8. 根据《最高人民法院关于审理建设工程施工合同纠纷案件适用法律问题的解释（一）》，属于承包人建设工程价款优先受偿权范围的是（　　）。
   A. 工程款利息　　　　　　　　B. 违约金
   C. 工程价款　　　　　　　　　D. 损害赔偿金

9. 某施工总承包项目施工现场发生大型塔吊倾倒生产安全事故，负责上报该事故的主体是（　　）。
   A. 施工总承包单位　　　　　　B. 建设单位
   C. 监理单位　　　　　　　　　D. 塔吊安装单位

10. 根据《建设工程质量管理条例》，施工企业在施工中偷工减料的，责令改正，并处以工程合同价款（　　）的罚款。
    A. 1%～3%　　　　　　　　　B. 2%～4%
    C. 3%～6%　　　　　　　　　D. 5%～10%

11. 根据《民法典》，融资租赁合同因租赁物交付承租人后意外毁损、灭失等不可归责于当事人的原因解除的，出租人可以请求承租人（　　）。☆
    A. 继续支付租金　　　　　　　B. 赔偿购买租赁物所支付的全额价款
    C. 按照租赁物折旧情况给予补偿　D. 赔偿与租赁物同种类的物品

12. 根据《招标投标法实施条例》，关于投标人资格预审的说法，正确的是（　　）。
    A. 在不同媒介发布的同一招标项目的资格预审公告内容可以根据特定情况存在差异
    B. 资格预审结束后，招标人应当及时公示资格预审结果
    C. 通过资格预审的申请人少于3个的，应当重新招标
    D. 资格预审应当在开标后按照招标文件规定的标准和方法进行

13. 根据《民法典》，下列情形中，导致撤销权消灭的是（　　）。
    A. 当事人受欺诈的，自知道或者应当知道撤销事由之日起90日内没有行使

撤销权的

B. 因重大误解而为的民事法律行为，当事人自知道或者应当知道撤销事由之日起1年内没有行使撤销权的

C. 当事人受胁迫的，自胁迫行为开始之日起1年内没有行使撤销权的

D. 显失公平的民事法律行为，当事人自知道或者应当知道撤销事由之日起1年内没有行使撤销权的

14. 根据《建筑施工企业安全生产许可证管理规定》，建筑施工企业破产、倒闭、撤销的，应当将安全生产许可证交回原安全生产许可证颁发管理机关予以（ ）。
   A. 销毁　　B. 注销　　C. 撤销　　D. 吊销

15. 某施工企业与劳动者董某签订了一份期限为2年半的劳动合同。根据《劳动合同法》，该劳动合同中约定的试用期最长不得超过（ ）个月。
   A. 1　　B. 3　　C. 2　　D. 6

16. 下列工程项目中，开工前需要申请办理施工许可证的是（ ）。
   A. 抢险救灾工程　　　　　　B. 投资额30万元以上的建筑工程
   C. 农民自建的低层住宅工程　　D. 临时性房屋建筑工程

17. 根据《建设工程安全生产管理条例》及相关规定，关于施工现场消防安全管理的说法，正确的是（ ）。☆
   A. 施工企业在施工现场禁止动用明火作业
   B. 施工企业应当在施工组织设计中编制消防安全技术措施和专项施工方案
   C. 施工企业应当在施工现场各通道配置手提式灭火器、消防沙袋等消防器材
   D. 施工企业不得在施工现场内设置员工集体宿舍

18. 关于建设工程竣工规划验收的说法，正确的是（ ）。
   A. 工程竣工后，建设单位应当依法向城乡建设行政主管部门提出竣工规划验收申请
   B. 对于验收合格的建设工程，城乡规划行政主管部门出具建设工程规划许可证
   C. 建设工程未经核实或者经核实不符合规划条件的，建设单位不得组织竣工验收
   D. 建设单位必须在竣工验收后3个月内向城乡规划行政主管部门报送有关竣工验收资料

19. 根据《招标投标法》及相关规定，关于开标的说法，正确的是（ ）。
   A. 投标人现场对开标提出异议，招标人应当场作出答复
   B. 开标应当在招标文件确定的提交投标文件截止之日起3日内进行
   C. 开标由招投标代理机构主持，邀请所有投标人参加
   D. 开标时招标人应当与所有投标人进行投标方案谈判

20. 某工程属于依法必须招标的项目。关于该项目中标的说法，正确的是（ ）。
   A. 中标候选人公示期不得少于5日
   B. 招标人应当自收到异议之日起5日内作出答复
   C. 投标人对评标结果有异议的，应当在中标候选人公示期间提出
   D. 国有资金控股的招标项目，排名第一的中标候选人放弃中标的，招标人应当重新招标

21. 根据《建设工程安全生产管理条例》及相关规定，下列责任中，属于建设工程项目施工单位专职安全生产管理人员职责的是（　　）。
    A. 保证本单位安全生产投入的有效实施
    B. 建立健全并落实本单位全员安全生产责任制
    C. 组织制定并实施本单位安全生产规章制度和操作规程
    D. 现场监督危险性较大工程安全专项施工方案实施情况

22. 根据《仲裁法》，仲裁员具有下列情形，无须回避的是（　　）。
    A. 曾经仲裁过本案代理人的其他案件的
    B. 是本案代理人近亲属的
    C. 与本案当事人有其他关系，可能影响公正仲裁的
    D. 私自会见本案代理人的

23. 关于团体标准的说法，正确的是（　　）。
    A. 团体标准的技术要求不得高于强制性标准的相关技术要求
    B. 在重要行业、战略性新兴产业、关键共性技术等领域制定团体标准必须利用自主创新技术
    C. 国家鼓励社会团体制定高于推荐性标准相关技术要求的团体标准
    D. 团体标准对本团体成员单位强制适用

24. 根据《生产安全事故应急预案管理办法》，生产经营单位为应对某一类型生产安全事故而制定的工作方案属于（　　）。☆
    A. 综合应急预案　　　　　　　　B. 现场处置方案
    C. 特殊应急预案　　　　　　　　D. 专项应急预案

25. 根据《历史文化名城名镇名村保护条例》，禁止在历史文化街区、名镇、名村核心保护范围内进行新建扩建活动，但允许建设的项目是（　　）。
    A. 重大历史题材影视摄制基地项目　　B. 自然保护区旅游开发项目
    C. 重大体育赛事场馆项目　　　　　　D. 必要的基础设施和公共服务设施项目

26. 陈某应聘到某施工企业，双方于2022年3月12日签订了劳动合同。合同中约定试用期2个月，签约次日合同开始履行。2022年6月17日，陈某因找到新的工作拟解除原劳动合同。根据《劳动合同法》，关于该劳动合同解除的说法，正确的是（　　）。
    A. 陈某辞职必须取得用人单位同意
    B. 陈某口头通知用人单位即可解除劳动合同
    C. 陈某应提前30日以书面形式通知用人单位
    D. 陈某应报请劳动行政主管部门同意后以书面形式通知用人单位

27. 根据《招标投标法实施条例》，关于投标保证金的说法，正确的是（　　）。
    A. 投标保证金不得采用银行保函形式
    B. 投标保证金不得超过招标项目估算价的3%
    C. 投标人撤回已提交的投标文件，招标人有权不退还其投标保证金
    D. 中标人无正当理由拒绝签订施工合同，招标人有权不退还其投标保证金

28. 甲、乙、丙、丁四人均通过考试取得二级建造师资格证书。根据《注册建造师管理规定》，可以给予注册的是（ ）。
   A. 受聘于两个单位的甲
   B. 60周岁的丁
   C. 刑事处罚未执行完毕的乙
   D. 1年前被吊销注册证书的丙

29. 某联合体投标，通过资格预审后，增加了一家资质等级更高的企业形成新的联合体。根据《招标投标法实施条例》，关于原联合体投标的说法，正确的是（ ）。
   A. 可以直接认定投标有效
   B. 应当认定投标无效
   C. 经评标委员会同意后，认定投标有效
   D. 经招标人同意后，认定投标有效

30. 下列行为中，既属于注册建造师的权利也是其义务的是（ ）。
   A. 使用注册建造师名称
   B. 保管和使用本人注册证书、执业印章
   C. 获得相应的劳动报酬
   D. 接受继续教育

31. 某工程项目的分包工程出现质量问题。关于工程总分包单位承担质量责任的说法，正确的是（ ）。
   A. 总承包单位与分包单位应当向建设单位承担连带责任
   B. 由分包单位直接向建设单位负责
   C. 由总承包单位向建设单位承担全部责任
   D. 总承包单位不承担责任

32. 《民法典》中明确规定应当采用书面形式订立的合同是（ ）。
   A. 建设工程合同
   B. 买卖合同
   C. 加工承揽合同
   D. 租赁合同

33. 某施工企业一直拖欠材料供应商的货款，材料供应商多次索要未果，便将该债权转让给该工程项目的建设单位。工程结算时，建设单位提出要将该债权与需要支付的工程款抵销，施工企业以不知道此事为由不同意。根据《民法典》，关于该债权转让的说法，正确的是（ ）。
   A. 该债权转让时如果材料供应商通知了施工企业，则建设单位可以主张抵销
   B. 材料供应商转让债权无须让施工企业知晓
   C. 材料供应商转让债权应当经施工企业同意
   D. 该债权转让时即使材料供应商通知了施工企业，建设单位也不可以主张抵销

34. 根据《招标投标法》，下列投标人的违法行为中，属于情节严重应由有关行政监督部门取消其1年至3年内参加依法必须招标的项目投标资格的是（ ）。
   A. 无正当理由不与招标人订立合同的
   B. 3年内有1次串通投标的
   C. 弄虚作假骗取中标造成招标人直接经济损失10万元以上的
   D. 伪造资格、资质证书骗取中标的

35. 根据《建设工程质量管理条例》，关于建设单位质量责任和义务的说法，正确的

是（　　）。
A. 建设单位应当就施工图设计文件向施工企业进行技术交底
B. 建设单位不得明示或暗示设计单位违反抗震设防强制性标准，降低工程抗震性能
C. 建设单位在开工后，应当尽快办理工程质量监督手续
D. 建设单位应当对其采购的材料设备进行使用前的检验和试验

36. 建设工程总承包单位依法将建设工程分包，关于总分包单位安全生产责任的说法，正确的是（　　）。
A. 分包工程的安全生产由分包单位独立承担责任
B. 总承包单位和分包单位对分包工程的安全生产承担连带责任
C. 分包单位不服从总承包单位安全生产管理导致生产安全事故的，由分包单位承担全部责任
D. 建设工程生产安全事故应急救援预案由总承包单位和分包单位各自编制

37. 关于不动产物权的说法，正确的是（　　）。
A. 设立不动产物权，除法律另有规定外，依法登记发生效力
B. 依法应当登记的不动产物权，自申请不动产登记时发生效力
C. 不动产物权的变更，无须登记
D. 不动产物权的登记，由建设行政主管部门办理

38. 根据《大气污染防治法》，施工工地暂不开工的，自推迟时间起（　　）个月内，建设单位应进行绿化铺装或者遮盖。
A. 1　　　　　B. 3　　　　　C. 2　　　　　D. 6

39. 关于民事纠纷法律解决途径的说法，正确的是（　　）。☆
A. 民事纠纷调解由调解机构主动介入，促成自愿达成协议
B. 仲裁裁决一经作出即发生法律效力
C. 当事人自行达成的和解协议具有强制执行力
D. 诉讼方式解决民事纠纷应当建立在调解无效的前提下

40. 根据《建设工程质量检测管理办法》，关于工程施工质量检测的说法，正确的是（　　）。
A. 检测报告经检测人员签字并加盖检测专用章后生效
B. 检测结果利害关系人对检测结果发生争议的，由双方共同认可的检测机构复检
C. 检测机构应当将检测过程中发现的施工企业违反工程建设强制性标准的情况，及时报告安全生产主管部门
D. 工程质量检测机构不得与建设单位有隶属关系

41. 下列行政行为中，属于行政强制措施的是（　　）。
A. 加处罚款或者滞纳金　　　　B. 排除妨碍、恢复原状
C. 查封场所、设施或者财物　　D. 划拨存款、汇款

42. 根据《城市建设档案管理规定》和《建设工程文件归档规范》，关于工程竣工验收后提交档案资料的说法，正确的是（　　）。
A. 勘察、设计、施工、监理等单位应当将本单位形成的工程文件立卷后向城建档案馆移交

B. 对改建的工程，建设单位应当组织设计、施工单位据实修改、补充和完善原建设工程档案

C. 建设单位应当在工程竣工验收后6个月内，向城建档案馆报送建设工程档案

D. 施工分包单位应将本单位形成的工程文件立卷后向建设单位移交

43. 下列投标人的行为中，属于不正当竞争行为的是（　　）。
   A. 未通过资格预审仍提交投标文件　　B. 撤销投标文件
   C. 以低于成本的报价竞标　　D. 以高于最高投标限价的报价竞标

44. 根据《建设工程质量管理条例》，隐蔽工程在覆盖前，施工企业应当及时通知的单位和机构是（　　）。
   A. 勘察单位和安全生产监督机构　　B. 设计单位和建设工程质量监督机构
   C. 建设单位和建设工程质量监督机构　　D. 建设单位和安全生产监督机构

45. 根据《建筑法》和《工伤保险条例》，关于工程建设领域工伤保险的说法，正确的是（　　）。
   A. 工伤保险是法定的鼓励性保险
   B. 工伤保险是针对施工现场从事危险作业特殊群体的保险
   C. 建设单位应当依法按时为施工人员缴纳工伤保险费
   D. 工伤保险是面向施工企业全体职工的保险

46. 关于买卖合同中标的物检验的说法，正确的是（　　）。
   A. 买受人收到标的物时应当在约定的检验期限内检验
   B. 当事人没有约定检验期限的，买受人签收的送货单载明标的物数量、型号、规格的，应推定标的物完全合格
   C. 当事人没有约定检验期限的，买受人发现标的物的数量或质量不符合约定，可以在任何时间向出卖人提出
   D. 买受人收到标的物时应当立即检验

47. 关于小额诉讼程序的说法，正确的是（　　）。
   A. 小额诉讼程序适用于审理事实清楚、权利义务关系明确、争议不大的简单金钱给付民事案件
   B. 小额诉讼程序是普通程序的一种
   C. 小额诉讼程序适用于标的额为全国上年度就业人员年平均工资50%以下的案件
   D. 小额诉讼程序实行两审终审

48. 关于建设工程返修的说法，正确的是（　　）。
   A. 因施工企业的原因致使建设工程质量不符合约定的，建设单位有权请求施工企业在合理期限内返修
   B. 施工企业仅对施工过程中出现的工程质量问题负责返修
   C. 施工企业仅对竣工验收不合格的工程负责返修
   D. 对于非施工企业原因造成的工程质量问题，施工企业有权拒绝返修

49. 根据《建设工程安全生产管理条例》，建设单位在拆除工程施工15日前应当将相关资料

报送建设工程所在地的县级以上地方人民政府建设行政主管部门或者其他有关部门备案。下列资料中，应当报送备案的是（　　）。

A. 拆除工程的施工合同　　B. 安全措施计划方案

C. 工程监理单位人员名册　　D. 施工企业资质等级证明

50. 根据《最高人民法院关于审理建设工程施工合同纠纷案件适用法律问题的解释（一）》，关于垫资的说法，正确的是（　　）。

A. 当事人对垫资利息未作约定的，法院不予支持利息

B. 法律、行政法规明确禁止垫资

C. 当事人对垫资没有约定的，按照借款处理

D. 当事人约定垫资利息的，其利率最高为同期银行贷款利率的4倍

51. 根据《绿色施工导则》，属于施工用电节能措施的是（　　）。

A. 在施工组织设计中，合理安排施工顺序、工作面

B. 施工临时用电优先选用节能电线和节能灯具

C. 选择功率与负载相匹配的施工机械设备

D. 合理安排工序，提高各种机械的使用率和满载率

52. 关于仲裁协议效力的说法，正确的是（　　）。

A. 人民法院受理案件后，当事人可另行达成仲裁协议

B. 当事人在订立合同时就争议达成仲裁协议的，合同无效则仲裁协议无效

C. 当事人对仲裁协议效力有异议的，可以在仲裁裁决作出前提出

D. 仲裁协议是仲裁委员会受理案件的前提

53. 根据《全国建筑市场各方主体不良行为记录认定标准》，属于施工企业资质不良行为的是（　　）。

A. 不按照与招标人订立的合同履行义务，情节严重的

B. 以他人名义投标，骗取中标的

C. 允许其他单位或个人以本单位名义承揽工程的

D. 涂改、伪造、出借、转让安全生产许可证的

54. 根据《最高人民法院关于审理建设工程施工合同纠纷案件适用法律问题的解释（一）》，下列施工合同中，应为无效的是（　　）。

A. 没有资质的实际施工人借用有资质的建筑施工企业名义订立的合同

B. 工程款支付条款显失公平的合同

C. 发包人因对投标文件有重大误解而订立的合同

D. 承包人根据总承包合同中的约定，就其承包的部分工程与其他单位签订的分包合同

55. 某施工合同没有约定工程价款的付款时间。根据《最高人民法院关于审理建设工程施工合同纠纷案件适用法律问题的解释（一）》，该工程的欠付工程款计息开始日应为（　　）。

A. 建设工程未交付，工程价款也未结算的，为当事人起诉之日

B. 建设工程价款结算之日

C. 建设工程已竣工验收的，为竣工验收合格之日

D. 建设工程未交付的，为竣工结算完成之日

56. 小赵有一个借款纠纷需要委托代理人进行诉讼，没有委托律师及基层法律服务工作者。下列人员中，可以被委托为诉讼代理人的是（  ）。

    A. 朋友小李　　　B. 邻居小江　　　C. 同事小黄　　　D. 哥哥大赵

57. 根据《民法典》，承揽合同在承揽工作完成前，关于该合同解除的说法，正确的是（  ）。

    A. 定作人可以随时解除合同，造成承揽人损失的应当赔偿

    B. 定作人和承揽人均可随时解除合同

    C. 定作人不得解除合同

    D. 定作人经承揽人同意即可解除合同

58. 根据《招标投标法》及相关规定，关于邀请招标的说法，正确的是（  ）。

    A. 受自然环境限制不适宜公开招标的省级重点项目，建设单位可自行决定邀请招标

    B. 由于资金条件限制，只有少量潜在投标人可供选择的项目，可采取邀请招标

    C. 由于技术复杂导致公开招标程序复杂的项目，可采取邀请招标

    D. 采用公开招标方式的费用占合同金额比例过大的项目，可采取邀请招标

59. 根据《绿色施工导则》，属于提高用水效率的规定是（  ）。

    A. 施工现场喷洒路面、绿化浇灌建议使用市政自来水

    B. 所有大中型工程的不同单项工程、不同标段、不同分包生活区，必须分别计量用水量

    C. 现场机具、设备、车辆冲洗用水必须设立循环用水装置

    D. 施工现场的生活用水与工程用水必须确定用水定额指标，合并进行计量管理

60. 根据《招标投标法实施条例》，关于有效投标报价的说法，正确的是（  ）。

    A. 投标报价可低于成本

    B. 投标报价可高于最高投标限价

    C. 同一投标人可提交两个以上不同的投标报价

    D. 投标报价可围绕标底上下浮动

二、多项选择题（共20题，每题2分。每题的备选项中，有2个或2个以上符合题意，至少有1个错项。错选，本题不得分；少选，所选的每个选项得0.5分）

61. 根据《建设工程质量管理条例》，下列情形中，属于违法分包的有（  ）。

    A. 分包单位将其承包的工程再分包给具有相应资质条件的单位的

    B. 总承包单位将工程主体结构的施工分包给其他单位的

    C. 总承包单位将非主体工程分包给具有相应资质条件的单位的

    D. 总承包单位将其承包的全部工程转给具有相应资质条件的单位的

    E. 总承包单位将其承包的全部工程肢解以后分别分包给其他单位的

62. 根据《立法法》，我国法的形式有（  ）。

    A. 法律　　　B. 行政法规　　　C. 习惯法　　　D. 判例

    E. 自治条例和单行条例

63. 根据《建设工程安全生产管理条例》，属于建设单位安全责任的有（    ）。
   A. 对安全技术措施或专项施工方案进行审查
   B. 向施工企业提供真实、准确和完整的有关资料
   C. 不得提出违法要求和随意压缩合同工期
   D. 确定建设工程安全作业环境及安全施工措施所需费用
   E. 不得要求购买、租赁和使用不符合安全施工要求的用具设备

64. 根据《民事诉讼法》，合同纠纷的当事人可以书面协议选择管辖的法院地点有（    ）。
   A. 被告住所地              B. 合同履行地
   C. 合同签订地              D. 原告住所地
   E. 第三人住所地

65. 关于建设工程相关债权债务的说法，正确的有（    ）。
   A. 施工合同债发生于建设单位与施工企业之间
   B. 对于施工合同中约定的施工任务，施工企业是债权人，建设单位是债务人
   C. 材料供应商将应发运给甲的钢材错发给乙，材料供应商与乙之间形成不当得利之债
   D. 施工噪声扰民，施工企业或建设单位与居民之间形成侵权之债
   E. 订立建筑材料采购合同，采购方与材料供应商之间形成合同之债

66. 根据《劳动合同法》，劳动合同的类型包括（    ）。
   A. 固定期限劳动合同          B. 无固定期限劳动合同
   C. 短期劳动合同              D. 以完成一定工作任务为期限的劳动合同
   E. 长期劳动合同

67. 根据《招标投标法》及相关规定，关于投标文件的说法，正确的有（    ）。
   A. 对未通过资格预审的投标文件，招标人应当签收保存
   B. 在招标文件要求提交投标文件的截止时间后送达的投标文件，招标人应当拒收
   C. 不同投标人的投标文件在同一文印店装订视为投标人相互串通投标
   D. 投标文件应当对招标文件提出的实质性要求与条件作出响应
   E. 联合体各方在同一招标项目中以自己名义单独提交的投标文件无效

68. 根据《噪声污染防治法》，关于建设项目噪声污染防治的说法，正确的有（    ）。
   A. 施工企业在建设前期应当按照规定制定噪声污染防治措施
   B. 建设项目的噪声污染防治设施应当与主体工程同时招标
   C. 扩建可能产生噪声污染的建设项目，应当依法进行环境影响评价
   D. 建设项目投产使用前，建设单位应当依照规定对配套建设的噪声污染防治设施进行验收
   E. 配套建设的噪声污染防治设施验收不合格的，该建设项目不得投产使用

69. 根据《劳动合同法》，用人单位可以提前30天以书面形式通知劳动者本人解除劳动合同的情形有（    ）。
   A. 劳动者非因工负伤，医疗期满后不能从事原工作，也不能从事由用人单位另行安排的工作的
   B. 女职工在孕期、产期、哺乳期的

C. 劳动者不能胜任工作，经过培训或者调整工作岗位，仍不能胜任工作岗位的
D. 劳动合同订立时所依据的客观情况发生重大变化，致使原劳动合同无法履行，经当事人协商不能就变更劳动合同达成协议的
E. 患职业病者因工负伤并被确认丧失或者部分丧失劳动能力的

70. 根据《劳动合同法》，下列劳动合同中，属于无效或者部分无效的有（ ）。
   A. 以欺诈、胁迫的手段订立的劳动合同
   B. 以虚假的意思表示订立的劳动合同
   C. 乘人之危，使对方在违背真实意思的情况下订立的劳动合同
   D. 用人单位免除自己的法定责任、排除劳动者权利的劳动合同
   E. 违反法律、行政法规强制性规定的劳动合同

71. 根据《招标投标法实施条例》，下列招标人的行为中，属于以不合理条件限制、排斥潜在投标人或者投标人的有（ ）。
   A. 就同一招标项目向投标人提供有差别的项目信息
   B. 以投标人的业绩和奖项作为加分条件
   C. 对投标人采取不同的评标标准
   D. 对依法必须招标的项目，非法限定潜在投标人的所有制形式
   E. 设定的技术和商务条件与招标项目的实际需要不相适应

72. 根据《招标投标法实施条例》及相关规定，关于两阶段招标基本程序的说法，正确的有（ ）。
   A. 招标人要求提交投标保证金的，应当在第二阶段提出
   B. 招标人应根据投标人第一阶段提交的技术建议确定技术标准和要求
   C. 对无法精确拟定技术规格的项目，招标人必须分两阶段进行招标
   D. 招标人应向在第一阶段提交技术建议的投标人提供招标文件
   E. 投标人第一阶段应当提交技术建议和投标报价

73. 根据《劳动争议调解仲裁法》，关于劳动争议仲裁的说法，正确的有（ ）。
   A. 劳动争议仲裁委员会主任由劳动行政部门代表担任
   B. 劳动争议申请仲裁的时效期间为1年
   C. 劳动争议仲裁时效期间从当事人知道或应当知道其权利被侵害之日起计算
   D. 劳动争议仲裁委员会由劳动行政部门代表和用人单位方面的代表共同组成
   E. 劳动争议仲裁是诉讼的前置程序

74. 根据《民法典》，下列权利中，属于担保物权的有（ ）。
   A. 保证权
   B. 抵押权
   C. 质权
   D. 定金给付权
   E. 留置权

75. 下列权利中，属于所有权权能的有（ ）。
   A. 占有权
   B. 使用权
   C. 收益权
   D. 担保权

E. 处分权

76. 根据《民法典》，关于委托合同中委托人义务的说法，正确的有（　　）。☆
   A. 受托人为处理委托事务垫付的必要费用，委托人应当偿还该费用，但不用支付利息
   B. 委托人应当预付处理委托事务的费用
   C. 受托人完成委托事务的，委托人应当按照约定向其支付报酬
   D. 委托人经受托人同意，可以在受托人之外委托第三人处理委托事务
   E. 因不可归责于受托人的事由，委托事务不能完成的，委托人应当向受托人支付相应的报酬，但当事人另有约定的除外

77. 关于知识产权保护期限的说法，正确的有（　　）。
   A. 发明专利权的期限为20年
   B. 注册商标的有效期为10年
   C. 实用新型专利权的期限为15年
   D. 著作权、专利权和商标权的保护期限都可以申请续展
   E. 自然人作品发表权的保护期，为作者终生及其死后50年

78. 根据《招标投标法实施条例》，可视为投标人相互串通的情形有（　　）。
   A. 不同投标人的投标文件相互混装
   B. 不同投标人的投标保函由同一银行开具
   C. 不同投标人委托同一单位办理投标事宜
   D. 不同投标人的投标报价呈规律性差异
   E. 不同投标人的投标文件由同一单位编制

79. 根据《民法典》，下列合同中，属于可撤销的有（　　）。
   A. 施工合同支付条款显失公平的合同
   B. 承包人对工程价款有重大误解的合同
   C. 发包人胁迫承包人订立的合同
   D. 承包人超越资质等级订立的合同
   E. 承包人将部分工程违法分包的合同

80. 下列权利中，属于用益物权的有（　　）。
   A. 地役权　　　　　　　　　　B. 集体土地所有权
   C. 居住权　　　　　　　　　　D. 建设用地使用权
   E. 土地承包经营权

# 2022年全国二级建造师执业资格考试

## 建设工程法规及相关知识

[6月11日 14:00—16:00]

微信扫码，获取配套专属增值服务

- 开启考试模式
- 记录得分、正确率及排名
- 回看错题解析

电子答题卡

一、单项选择题（共60题，每题1分。每题的备选项中，只有1个最符合题意）

1. 施工企业项目经理部管理人员对外行为的法律后果，由（　　）承担。
   A. 本人　　　　　　　　　　B. 项目经理
   C. 项目经理部　　　　　　　D. 施工企业

2. 下列情形中，建设工程代理行为终止的是（　　）。
   A. 代理事务完成
   B. 被代理人暂停委托
   C. 作为代理人的自然人病重
   D. 作为被代理人的法人进入破产重整程序

3. 某施工企业因工作需要购买一辆二手机动车，施工企业取得该机动车的时间是（　　）。
   A. 订立机动车买卖合同时　　B. 交付行驶证时
   C. 交付车辆时　　　　　　　D. 进行过户登记时

4. 广告公司受施工企业委托制作并安装的广告牌致行人损害，关于民事责任承担的说法，正确的是（　　）。
   A. 施工企业承担赔偿责任，广告公司承担补充赔偿责任
   B. 广告公司承担赔偿责任，施工企业承担补充赔偿责任
   C. 施工企业承担赔偿责任，但其有权向广告公司追偿
   D. 广告公司承担赔偿责任，施工企业不承担责任

5. 如无特别约定，投标文件的作者是（　　）。
   A. 招标人　　　　　　　　　B. 投标人
   C. 投标文件编写小组　　　　D. 投标文件载明的项目经理

6. 甲施工企业与乙材料供应商订立了合同总价为 200 万元的买卖合同，甲向乙支付了定金 50 万元。后来乙不能按照合同约定履行交付义务，致使不能实现合同目的，甲可以向乙主张返还（　　）。
   A. 40 万元　　　　B. 50 万元　　　　C. 90 万元　　　　D. 100 万元

7. 关于安装工程一切险中的试车考核期的说法，正确的是（　　）。☆
   A. 试车考核期应当在保险期之外
   B. 试车考核期的长短只能根据法律的规定确定
   C. 试车考核期不得超出保单中列明的考核期限
   D. 试车考核期超出了合同约定的期限，不得加收保险费

   注：此类加☆的题目，其知识点已删除，可略过学习。

8. 根据《关于审理建设工程施工合同纠纷案件适用法律问题的解释（一）》，当事人对建设工程实际竣工日期有争议的，关于人民法院认定竣工日期的说法，正确的是（　　）。
   A. 建设工程经竣工验收合格的，以承包人提交竣工验收报告之日为竣工日期
   B. 建设工程未经竣工验收，发包人擅自使用的，以竣工验收合格之日为竣工日期
   C. 承包人已经提交竣工验收报告，发包人拖延验收的，以承包人提交验收报告之日为竣工日期
   D. 建设工程未竣工验收，发包人擅自使用的，以承包人实际完工之日为竣工日期

9. 根据《仲裁法》，关于仲裁庭组成的说法，正确的是（　　）。
   A. 当事人未在仲裁规则规定的期限内选定仲裁员的，由仲裁委员会主任指定
   B. 采用简易程序审理仲裁案件，由 3 名仲裁员组成仲裁庭
   C. 首席仲裁员必须由仲裁委员会主任指定
   D. 当事人约定 3 名仲裁员组成仲裁庭的，必须各自选定 1 名仲裁员

10. 根据《建筑工程五方责任主体项目负责人质量终身责任追究暂行办法》，施工企业项目经理造成重大质量事故，情节特别恶劣的，关于其承担的行政责任的说法中，正确的是（　　）。
    A. 终身不予注册
    B. 责令停止执业 1 年
    C. 责令停止执业 5 年
    D. 吊销执业资格证书，5 年以内不予注册

11. 关于限制民事行为能力人实施的民事法律行为的说法，正确的是（　　）。
    A. 限制民事行为能力人实施的纯获利益的民事法律行为效力待定
    B. 限制民事行为能力人实施的与其年龄、智力、精神健康状况不相适应的民事法律行为无效
    C. 相对人可以催告法定代理人在收到通知之日起 30 日内予以追认
    D. 相对人催告法定代理人追认，法定代理人未作表示的，视为予以追认

12. 根据《文物保护法》，关于施工发现文物的报告和保护的说法，正确的是（　　）。☆
    A. 发现文物的单位或者个人应当保护现场

B. 发现文物的单位或者个人应当在合理时间内报告有关部门
C. 文物行政部门必须在 12 小时内赶赴现场
D. 施工发现的文物归施工企业所有，无须报告有关部门

13. 下列行为中，属于人民法院行政诉讼受案范围的是（ ）。
    A. 对行政机关为作出行政行为而实施的论证不服的
    B. 对吊销许可证不服的
    C. 对行政机关针对信访事项作出的受理不服的
    D. 对行政指导行为不服的

14. 关于行政监督部门处理招标投标活动投诉的说法，正确的是（ ）。
    A. 投诉人就同一事项向两个以上有权受理的行政监督部门投诉的，由上一级行政监督部门指定一个部门负责处理
    B. 行政监督部门不得责令暂停招标投标活动
    C. 行政监督部门处理投诉，有权查阅、复制有关文件资料
    D. 行政监督部门应当自受理投诉之日起 15 个工作日内作出书面处理决定

15. 下列情形中，安全生产许可证颁发管理机关或者其上级行政机关可以撤销已经颁发的安全生产许可证的是（ ）。
    A. 转让安全生产许可证的
    B. 安全生产许可证有效期满未办理延期手续的
    C. 建筑施工企业不再具备安全生产条件的
    D. 超越法定职权颁发安全生产许可证的

16. 根据《关于推进建筑垃圾减量化的指导意见》，关于建筑垃圾处理的说法，正确的是（ ）。
    A. 建设单位应当建立建筑垃圾分类收集与存放管理制度
    B. 建筑垃圾实行分类收集、分类存放、统一处置制度
    C. 鼓励以前端收集为导向对建筑垃圾进行细化分类
    D. 落实建设单位建筑垃圾减量化的首要责任

17. 关于违约金的说法，正确的是（ ）。
    A. 约定的违约金过分高于造成的损失的，人民法院或者仲裁机构不得予以减少
    B. 一方违约，当事人要求支付违约金的，不得再要求继续履行
    C. 约定的违约金低于造成的损失的，人民法院或者仲裁机构可以根据当事人的请求予以增加
    D. 一方违约，当事人要求解除合同的，不得再要求支付违约金

18. 关于申请撤销仲裁裁决的说法，正确的是（ ）。
    A. 当事人可以向仲裁委员所在地的中级人民法院申请撤销裁决
    B. 仲裁裁决认定事实不清的，当事人可以申请撤销仲裁裁决
    C. 当事人申请撤销裁决的，应当在收到裁决书之日起 3 个月内提出
    D. 仲裁裁决被人民法院依法撤销后，当事人就该纠纷不得再行申请仲裁

19. 根据《民事诉讼法》，在生效民事判决的执行中，当事人自行和解达成协议后，一方当事

人不履行和解协议的，对方当事人可以（　　）。
A. 向人民法院起诉
B. 向仲裁机构申请仲裁
C. 申请人民法院按照原生效法律文书强制执行
D. 申请人民法院强制执行和解协议

20. 根据《房屋建筑和市政基础设施工程竣工验收备案管理办法》，关于竣工验收备案的说法，正确的是（　　）。
A. 建设单位应当自建设工程竣工验收合格之日起30日内办理建设工程竣工验收备案
B. 备案机关发现建设单位在竣工验收过程中有违反国家有关建设工程质量管理规定行为的，应当责令停止使用，重新组织竣工验收
C. 工程质量监督机构应当在工程竣工验收之日起3个月内，向备案机关提交工程质量监督报告
D. 备案机关验证竣工验收备案文件齐全后，应当在工程竣工验收备案表上签署同意意见

21. 除法律另有规定或者当事人另有约定外，买卖合同中标的物毁损、灭失的风险转移时间是（　　）。
A. 标的物交付时
B. 合同成立时
C. 合同生效时
D. 价款付清时

22. 关于中标和订立合同的说法，正确的是（　　）。
A. 招标人不得授权评标委员会直接确定中标人
B. 招标人和中标人应当自中标通知书发出之日起20日内，按照招标文件和中标人的投标文件订立书面合同
C. 招标人和中标人可以再行订立背离合同实质性内容的其他协议
D. 招标人根据评标委员会提出的书面评标报告和推荐的中标候选人确定中标人

23. 关于建设工程见证取样的说法，正确的是（　　）。
A. 试样由取样人员作出标识、封志，由见证人员签字并对其代表性和真实性负责
B. 涉及结构安全的试块、试件和材料见证取样和送检的比例不得低于有关技术标准中规定应取样数量的50%
C. 见证人员应当由施工企业中具备施工试验知识的专业技术人员担任
D. 见证人员的基本信息应当书面通知检测单位

24. 关于投标的说法，正确的是（　　）。
A. 投标人参加依法必须进行招标项目的投标，应当受地区或者部门的限制
B. 存在控股、管理关系的不同单位，可以参加未划分标段的同一招标项目的投标
C. 单位负责人为同一人的不同单位参与同一标段投标，相关投标均无效
D. 投标人发生合并、分立、破产等重大变化的，其投标无效

25. 关于民事诉讼中移送管辖的说法，正确的是（　　）。
A. 移送管辖是没有管辖权的法院把案件移送给有管辖权的法院管理

B. 移送管辖限于上下级法院之间

C. 受移送的人民法院认为受移送的案件不属于本院管辖的，可以再自行移送

D. 移送管辖与管辖权转移的程序完全相同

26. 关于中标人不履行与招标人订立的合同应当承担法律责任的说法，正确的是（　　）。☆

　　A. 给招标人造成的损失超过履约保证金数额的，应当对超过部分予以赔偿

　　B. 情节严重的，取消其1年至3年内参加依法必须进行招标的项目的投标资格并予以公告

　　C. 履约保证金只能部分退还

　　D. 一律不予退还履约保证金

27. 关于货运合同特征的说法，正确的是（　　）。

　　A. 货运合同是双务合同　　　　　　B. 货运合同是实践合同

　　C. 货运合同是无偿合同　　　　　　D. 货运合同的标的是货物

28. 关于潜在投标人或者其他利害关系人对招标文件有异议的说法，正确的是（　　）。

　　A. 异议应当在投标截止时间7日前提出

　　B. 对招标人的异议答复不服的，可以向有关行政监督部门投诉

　　C. 招标人应当自收到异议之日起7日内作出答复

　　D. 招标人作出答复前，可以继续进行招标投标活动

29. 关于投标文件的送达与签收的说法，正确的是（　　）。

　　A. 招标人收到投标文件后，应当开启检查是否符合招标文件的要求

　　B. 在招标文件要求提交投标文件的截止时间后送达的投标文件，有正当理由的，招标人应当签收

　　C. 未按照招标文件的要求密封的投标文件，招标人可以自行密封

　　D. 未通过资格预审的申请人提交的投标文件，招标人应当拒收

30. 根据《全国建筑市场各方主体不良行为记录认定标准》，下列施工企业的不良行为中，属于工程安全不良行为的是（　　）。

　　A. 对建筑安全事故隐患不采取措施予以消除的

　　B. 在施工中偷工减料的

　　C. 不履行保修义务的

　　D. 未对涉及结构安全的试块、试件以及有关材料取样检测的

31. 用人单位招用与原用人单位尚未终止劳动合同的劳动者，给原用人单位造成损失的，由（　　）。☆

　　A. 用人单位承担全部赔偿责任

　　B. 劳动者承担全部赔偿责任

　　C. 原用人单位自行承担

　　D. 用人单位和劳动者承担连带赔偿责任

32. 下列情形中，属于投标人弄虚作假骗取中标的是（　　）。

　　A. 投标人借用他人资质证书投标

　　B. 投标人之间协商投标报价，共同抬高投标报价

C. 投标人之间约定中标人

D. 投标人向招标人或者评标委员会成员行贿谋取中标

33. 根据《节约能源法》，关于建筑节能的说法，正确的是（    ）。
   A. 不符合强制性节能标准的项目，如确有必要，建设单位可以开工建设
   B. 国家实行固定资产投资项目节能评估和审查制度
   C. 不符合强制性节能标准的项目，已经建成的，可以投入使用
   D. 国家在新建建筑中强制使用节能建筑材料

34. 根据《建设工程质量检测管理办法》，关于建设工程质量检测的说法，正确的是（    ）。
   A. 检测机构可以监制建筑材料、构配件和设备
   B. 检测报告经建设工程质量监督机构确认后，由施工企业归档
   C. 检测结果利害关系人对检测结果发生争议的，由双方共同认可的检测机构复检
   D. 检测机构应当将检测过程中发现的施工企业违反工程建设强制性标准的情况，及时报告建设单位

35. 关于建设工程价款优先受偿权的说法，正确的是（    ）。
   A. 建设工程价款优先受偿权与抵押权效力相同
   B. 未竣工的建设工程质量合格，承包人对其承建工程的价款就其承建工程部分折价或者拍卖的价款优先受偿
   C. 装饰装修工程的承包人不享有建设工程价款优先受偿权
   D. 建设工程价款优先受偿的范围包括工程款、利息、违约金、损害赔偿金等

36. 关于承包人将其工程分包的说法，正确的是（    ）。
   A. 承包人可以不经发包人认可将工程分包给他人
   B. 承包人可以将工程分包给个人
   C. 承包人可以将工程的主体结构分包给他人
   D. 分包人不得将其承包的工程再分包

37. 某单位职工小李因工负伤并被确认部分丧失劳动能力，关于其劳动合同解除的说法，正确的是（    ）。☆
   A. 小李不能胜任工作的，单位有权与其解除劳动合同
   B. 小李严重违反单位规章制度，单位有权与其解除劳动合同
   C. 单位经济性裁员的，有权与小李解除劳动合同
   D. 无论任何情形，单位均不得与小李解除劳动合同

38. 根据《建筑安装工程费用项目组成》，属于安全文明施工费的是（    ）。
   A. 分部分项工程费         B. 已完工程及设备保护费
   C. 临时设施费             D. 规费

39. 下列事项中，属于生产经营单位编制生产安全事故专项应急预案应当规定的内容的是（    ）。☆
   A. 应急预案体系           B. 应急指挥机构与职责
   C. 事故风险描述           D. 预警及信息报告

40. 根据《安全生产法》，从业人员发现直接危及人身安全的紧急情况时，有权停止作业或者在采取可能的措施后撤离作业场所，这项权利是（　　）。
   A. 紧急避险权
   B. 知情权
   C. 拒绝违章指挥权
   D. 控告权

41. 职工的下列情形中，不得认定为工伤的是（　　）。
   A. 在工作时间和工作场所内，因工作原因受到事故伤害的
   B. 工作时间之前在工作场所内，从事与工作有关的预备性工作受到事故伤害的
   C. 在工作时间和工作场所内，自残的
   D. 在工作时间和工作场所内，因履行工作职责受到暴力等意外伤害的

42. 民事诉讼的基本特点是（　　）。
   A. 自愿性、强制性、保密性
   B. 公权性、快捷性、保密性
   C. 公权性、程序性、强制性
   D. 自愿性、独立性、快捷性

43. 根据《建筑法》，在建的建筑工程因故中止施工的，关于施工许可证的说法，正确的是（　　）。
   A. 施工企业应当自中止施工之日起1个月内，向发证机关报告
   B. 中止施工未满1年的，无需向发证机关报告
   C. 无正当理由中止施工的，施工许可证自行失效
   D. 中止施工满1年的工程恢复施工前，建设单位应当报发证机关核验施工许可证

44. 根据《生产安全事故报告和调查处理条例》，关于事故处理的说法，正确的是（　　）。
   A. 重大事故的事故调查报告由国务院批复
   B. 较大事故的批复时间为30日
   C. 事故发生单位不得依照批复对本单位负有事故责任的人员进行处理
   D. 特别重大事故的批复时间可以延长，但延长时间最长不超过30日

45. 根据《民用建筑节能条例》，关于新建建筑节能的说法，正确的是（　　）。
   A. 国家强制实施民用建筑节能的新技术
   B. 国家全面禁止使用能源消耗高的工艺
   C. 建设单位不得在建筑活动中使用列入禁止使用目录的设备
   D. 国家限制进出口能源消耗高的材料

46. 关于违约责任中承担赔偿损失限制的说法，正确的是（　　）。
   A. 违约方应当赔偿不可预见的损害
   B. 损失赔偿不得超过违约方为履行合同付出的成本
   C. 当事人一方违约后，对方没有采取适当措施致使损失扩大的，非违约方可以就扩大的损失请求赔偿
   D. 当事人为防止因违约造成的损失扩大而支出的合理费用，由违约方承担

47. 关于联合体投标的说法，正确的是（　　）。
   A. 由同一专业的单位组成的联合体，按照资质等级较高的单位确定资质等级

B. 联合体各方中有一方具备承担招标项目的相应能力即可

C. 联合体中标的，联合体各方应当共同与招标人订立合同

D. 联合体各方在同一招标项目中以自己名义单独投标的，应当向评标委员会澄清、说明以哪份投标文件为准

48. 关于建筑施工企业安全生产管理机构专职安全生产管理人员配备的说法，正确的是（　　）。

   A. 建筑施工劳务分包企业不少于1人

   B. 建筑施工总承包企业特级资质不少于6人

   C. 建筑施工总承包企业一级资质不少于3人

   D. 建筑施工专业承包企业一级资质不少于2人

49. 关于某建设工程依法实行监理的说法，正确的是（　　）。

   A. 建设单位应当委托该建设工程的设计单位进行监理

   B. 监理单位不能与建设单位有隶属关系

   C. 建设单位可以委托具有相应资质等级的工程监理单位进行监理

   D. 工程监理单位有权转让其工程监理业务

50. 施工企业在申请之日起前1年至资质许可决定作出前，资质许可机关不予批准的建筑业企业资质升级的情形是（　　）。

   A. 注册资本发生变更的

   B. 将承包的工程转包或者违法分包的

   C. 被投诉、举报的

   D. 不与分包单位结算的

51. 关于可撤销合同中撤销权行使的说法，正确的是（　　）。

   A. 受胁迫的当事人应当自胁迫行为终止之日起6个月内行使撤销权

   B. 当事人不得放弃撤销权

   C. 重大误解的当事人应当自知道或者应当知道撤销事由之日起90日内行使撤销权

   D. 当事人自民事法律行为发生之日起3年内没有行使撤销权的，撤销权消灭

52. 关于定金的说法，正确的是（　　）。

   A. 定金合同自当事人均签名、盖章或者按指印时成立

   B. 定金数额超过主合同标的额20%的，定金无效

   C. 当事人既约定违约金，又约定定金的，一方违约时，非违约方应当适用违约金条款

   D. 实际交付的定金数额多于或者少于约定数额的，视为变更约定的定金数额

53. 根据《注册建造师执业管理办法（试行）》，关于修改注册建造师签章的工程施工管理文件的说法，正确的是（　　）。

   A. 应当征得所在企业同意后，由注册建造师本人修改

   B. 应当由注册建造师所在企业指定他人修改

   C. 应当由所在企业指定同等资格条件的注册建造师修改

   D. 应当由注册建造师本人自行修改

54. 关于对工程建设各阶段执行强制性标准情况实施监督的机构，说法正确的是（  ）。
   A. 工程建设全过程的执行情况由建设项目规划审查机构实施监督
   B. 工程建设前期咨询阶段的执行情况由工程质量监督机构实施监督
   C. 工程建设验收阶段的执行情况由建筑安全监督管理机构实施监督
   D. 工程建设勘察阶段的执行情况由施工图设计文件审查机构实施监督

55. 关于租赁合同期限的说法，正确的是（  ）。
   A. 租赁期限约定不明确的，推定为6个月
   B. 租赁合同未约定租赁期限的，视为不定期租赁
   C. 租赁期限超过20年的，租赁合同无效
   D. 定期租赁期限届满，承租人继续使用租赁物的，延续原租赁合同期限

56. 根据《建筑市场信用管理暂行办法》，关于市场信用评价主要内容的说法，正确的是（  ）。☆
   A. 不得包括对业绩的评价
   B. 不得设置歧视外地建筑市场各方主体的评价指标
   C. 建设单位必须设置对承包单位履约行为的评价指标
   D. 信用评价指标由县级以上住房城乡建设主管部门制定

57. 在生产、作业中违反有关安全管理的规定，因而发生重大伤亡事故或者造成其他严重后果，应受刑事处罚的，构成（  ）。
   A. 工程重大安全事故罪
   B. 重大劳动安全事故罪
   C. 以危险方法危害公共安全罪
   D. 重大责任事故罪

58. 根据《注册建造师执业管理办法（试行）》，注册建造师担任施工项目负责人期间发生的下列情形中，应当在办理书面交接手续后更换施工项目负责人的是（  ）。
   A. 承包人同意更换项目负责人的
   B. 发包人与注册建造师受聘企业已经解除承包合同的
   C. 注册建造师本人不愿继续担任项目负责人的
   D. 担任项目负责人的施工项目暂时停工的

59. 关于安全生产监督检查人员执行监督检查任务时要求的说法，正确的是（  ）。☆
   A. 对涉及被检查单位的技术秘密和业务秘密，应当为其保密
   B. 可以视情况选择是否出示行政执法证件
   C. 负有安全生产监督管理职责的多部门在监督检查中，应当分别进行检查
   D. 负有安全生产监督管理职责的部门在进行检查时，发现存在安全问题应当由其他部门进行处理的，应当要求被检查单位向其他部门进行报告

60. 下列债权请求权提出诉讼时效抗辩的情形中，人民法院可予支持的是（  ）。☆
   A. 支付存款本金请求权
   B. 工程款请求权

C. 基于投资关系产生的缴付出资请求权

D. 兑付金融债券本息请求权

二、多项选择题（共20题，每题2分。每题的备选项中，有2个或2个以上符合题意，至少有1个错项。错选，本题不得分；少选，所选的每个选项得0.5分）

61. 关于立法备案的说法，正确的有（　　）。

    A. 设区的市的地方性法规由省、自治区的人民代表大会常务委员会报送备案

    B. 自治条例、单行条例报送备案时，应当说明对上位法作出变通的情况

    C. 行政法规由国务院报全国人民代表大会备案

    D. 部门规章报国务院备案

    E. 根据授权制定的法规应当报授权决定规定的机关备案

62. 根据《建设工程质量保证金管理办法》，关于缺陷责任期确定的说法，正确的有（　　）。

    A. 由于承包人原因导致迟延进行竣工验收的，缺陷责任期从合同约定的竣工之日起计

    B. 缺陷责任期一般为1年，最长不超过2年

    C. 缺陷责任期从工程通过竣工验收之日起计

    D. 由于承包人原因导致工程无法按规定期限进行竣工验收的，缺陷责任期从实际通过竣工验收之日起计

    E. 由于发包人原因导致工程无法按规定期限进行竣工验收的，在承包人提交竣工验收报告90天后，工程自动进入缺陷责任期

63. 下列民事案件执行过程出现的情形中，人民法院应当裁定终结执行的有（　　）。☆

    A. 据以执行的法律文书被撤销的

    B. 案外人对执行标的提出确有理由异议的

    C. 作为被执行人的公民死亡，无遗产可供执行，又无义务承担人的

    D. 作为一方当事人的法人或者其他组织终止，尚未确定权利义务承受人的

    E. 作为被执行人的公民因生活困难无力偿还借款，无收入来源，又丧失劳动能力的

64. 根据《民法典》，民事法律行为的有效要件有（　　）。

    A. 行为人具有相应的民事行为能力

    B. 不超越经营范围

    C. 意思表示真实

    D. 不违反法律、行政法规的强制性规定

    E. 不违背公序良俗

65. 关于工程总承包单位责任的说法，正确的有（　　）。

    A. 工程总承包单位对其承包的全部建设工程质量负责

    B. 工程总承包单位有权以其与分包单位之间的保修责任划分拒绝履行保修责任

    C. 工程总承包单位对承包范围内工程的安全生产负总责

    D. 工程总承包单位应当依据合同对工期全面负责

E. 分包单位不服从总包单位安全生产管理导致生产安全事故的，免除总承包单位的安全责任

66. 关于工程竣工结算的说法，正确的有（　　）。
   A. 工程竣工结算分为单位工程竣工结算、单项工程竣工结算和建设项目竣工总结算
   B. 承包人对发包人提出的工程造价咨询企业竣工结算审核意见有异议的，必须先向有关工程造价管理机构或者有关行业组织申请调解
   C. 建设项目竣工总结算在最后一个单项工程竣工结算审查确认后30天内汇总，送发包人后15天内审查完成
   D. 承包人如未在规定时间内提供完整的工程竣工结算资料，经发包人催促后14天内仍未提供或者没有明确答复，发包人有权根据已有资料进行审查，责任由承包人自负
   E. 工程造价咨询机构出具的竣工结算报告对发、承包双方具有法律约束力

67. 下列著作权的权利内容中，保护期不受限制的有（　　）。
   A. 署名权
   B. 修改权
   C. 发表权
   D. 使用权
   E. 保护作品完整权

68. 关于编制招标文件的说法，正确的有（　　）。
   A. 招标人对已发出的招标文件进行必要的澄清或者修改的，可以以口头的形式通知所有招标文件接受人
   B. 招标人应当根据招标项目的特点和需要编制招标文件
   C. 国家对招标项目的技术、标准有规定的，招标人应当按照其规定在招标文件中提出相应要求
   D. 招标文件中不得要求或者标明特定的生产供应者以及含有倾向或者排斥潜在投标人的其他内容
   E. 招标人对已发出的招标文件进行必要的澄清或者修改的内容为招标文件的组成部分

69. 下列权利中，可以出质的有（　　）。
   A. 支票
   B. 仓单
   C. 存款单
   D. 海域使用权
   E. 土地所有权

70. 下列工作所需时间不计入招标投标投诉处理时限的有（　　）。
   A. 层报
   B. 检验
   C. 检测
   D. 调解
   E. 专家评审

71. 下列劳动合同终止的情形中，用人单位应当向劳动者支付双倍经济补偿的有（　　）。
   A. 劳动者患病在规定的医疗期内用人单位解除劳动合同的
   B. 劳动者提前30日以书面形式通知用人单位解除劳动合同的
   C. 用人单位与劳动者协商一致解除合同的
   D. 用人单位未及时足额支付劳动报酬，劳动者解除劳动合同的

E. 因用人单位被责令关闭导致劳动合同终止的

72. 根据《保障农民工工资支付条例》，关于农民工工资保障的说法，正确的有（    ）。
    A. 施工总承包单位应当按照有关规定开设农民工工资专用账户，专项用于支付该工程建设项目农民工工资
    B. 施工总承包单位对分包单位所招用农民工的实名制管理和工资支付负直接责任
    C. 建设单位应当按照合同约定及时拨付工程款，并将人工费用及时足额拨付至农民工工资专用账户
    D. 因建设单位未按照合同约定及时拨付工程款导致农民工工资拖欠的，建设单位应当以未结清的工程款为限先行垫付被拖欠的农民工工资
    E. 分包单位拖欠农民工工资的，由施工总承包单位先行清偿，再进行追偿

73. 在不当得利中，受损失的人可以请求得利人返还取得的利益的情形有（    ）。☆
    A. 银行多支付的利息
    B. 为履行道德义务进行的给付
    C. 债务到期之前的清偿
    D. 明知无给付义务而进行的债务清偿
    E. 承包人超领的原材料

74. 下列情形中，劳动者提出或者同意续订、订立劳动合同的，除劳动者提出订立无固定期限劳动合同外，用人单位应当与劳动者订立无固定期限劳动合同的有（    ）。
    A. 乙连续2次与某施工企业订立期限为2年的劳动合同，续订劳动合同的
    B. 丁应聘时要求订立无固定期限劳动合同的
    C. 用人单位未及时缴纳社会保险，戊要求订立无固定期限劳动合同的
    D. 甲在某施工企业连续工作超过10年的
    E. 用人单位初次实行劳动合同制度时，丙在该用人单位连续工作满10年且距法定退休年龄不足10年的

75. 关于工程监理单位安全责任的说法，正确的有（    ）。
    A. 对安全事故隐患进行整改
    B. 对安全技术措施或者专项施工方案进行审查
    C. 依法对施工安全事故隐患进行处理
    D. 依法办理临时中断道路交通批准手续
    E. 承担建设工程安全生产的监理责任

76. 用人单位的下列情形中，劳动者有权解除劳动合同的有（    ）。
    A. 未按照劳动合同约定提供劳动保护的
    B. 未按照劳动合同约定提供劳动条件的
    C. 用人单位的规章制度违反法律、法规的规定，损害劳动者权益的
    D. 未依法为劳动者缴纳社会保险费的
    E. 安排劳动者加班的

77. 根据《碳排放权交易管理办法（试行）》，温室气体排放单位应当列入温室气体重点排

放单位名录的情形有（　　）。☆
A. 因企业向生产经营单位转型，可能排放温室气体的
B. 属于全国碳排放权交易市场覆盖行业的
C. 碳排放配额交易活跃的
D. 年度温室气体排放量达到2.6万吨二氧化碳当量的
E. 温室气体排放单位自愿申请纳入重点排放单位名录的

78. 某施工企业向某设备公司出卖起重设备1台，同时又与该设备公司订立租赁合同继续占有使用该设备。关于该起重设备所有权转移的说法，正确的有（　　）。☆
A. 施工企业是该设备的所有权人
B. 设备公司是该设备的所有权人
C. 该交付方式为简易交付
D. 该施工企业交付设备增值税专用发票后，设备所有权转移
E. 该交付方式为占有改定

79. 造成不动产或者动产毁损的，权利人可以依法请求的物权保护方式有（　　）。
A. 修理
B. 重作
C. 更换
D. 恢复原状
E. 赔礼道歉

80. 下列情形中，评标委员会应当否决投标的有（　　）。
A. 投标联合体没有提交共同投标协议的
B. 投标报价高于招标文件设定的最高投标限价的
C. 投标文件未经投标单位盖章和单位负责人签字的
D. 投标报价超过标底上下浮动范围的
E. 投标人不符合招标文件规定的资格条件的

# 2021 年全国二级建造师执业资格考试

## 建设工程法规及相关知识

[5月29日 14:00—16:00]

微信扫码，获取配套专属增值服务

- 开启考试模式
- 记录得分、正确率及排名
- 回看错题解析

电子答题卡

一、单项选择题（共60题，每题1分。每题的备选项中，只有1个最符合题意）

1. 关于法人在建设工程中的地位的说法，正确的是（　　）。☆
   A. 建设单位应当具备法人资格
   B. 建设工程中的法人可以不具有民事行为能力
   C. 非营利法人可以成为建设单位
   D. 建设单位应当独立承担民事责任

   注：此类加☆的题目，其知识点已删除，可略过学习。

2. 建设工程代理行为终止的情形是（　　）。
   A. 被代理人丧失民事行为能力
   B. 代理事项难以完成
   C. 发生不可抗力
   D. 代理人辞去委托

3. 建设用地使用权自（　　）时设立。
   A. 占用
   B. 登记
   C. 申请
   D. 使用

4. 关于建设工程债的说法，正确的是（　　）。☆
   A. 施工合同债是发生在建设单位和施工企业之间的债
   B. 在材料设备买卖合同中，材料设备的买方只能是施工企业
   C. 在施工合同中，对于完成施工任务，施工企业是债权人，建设单位是债务人
   D. 在施工合同中，对于支付工程款，建设单位是债权人，施工企业是债务人

5. 下列使用注册商标的情形中，应当承担行政责任的是（　　）。☆
   A. 自行改变注册商标的
   B. 改变注册商标的注册人名称、地址或者其他注册事项的

C. 转让注册商标的

D. 连续2年停止使用注册商标的

6. 关于抵押权的说法,正确的是(    )。

    A. 以动产抵押的,抵押权自合同生效时设立

    B. 抵押权可以与债权分离而单独转让

    C. 同一财产向两个以上债权人抵押,抵押权未登记的,拍卖抵押财产所得的价款按照抵押合同订立的顺序清偿

    D. 同一财产向两个以上债权人抵押的,拍卖抵押财产所得的价款按照登记的债权比例清偿

7. 关于保险索赔的说法,正确的是(    )。☆

    A. 投保人可以在保险事故发生后的任意时间向保险人提出索赔

    B. 投保人仅需在保险事故发生后收集证据

    C. 保险单上载明的保险财产修理费超过赔偿金额的,应当按照修理费全额赔偿

    D. 一个建设工程项目同时由多家保险公司承保的,应当按照约定的比例分别向不同的保险公司提出索赔要求

8. 关于投标人的说法,正确的是(    )。

    A. 存在管理关系的不同单位,可以参加未划分标段的同一招标项目投标

    B. 投标人发生合并、分立、破产等重大变化的,其投标无效

    C. 单位负责人为同一人的不同单位,可以参加同一标段投标

    D. 投标人不再具备资格预审文件、招标文件规定的资格条件的,其投标无效

9. 关于无效合同法律后果的说法,正确的是(    )。

    A. 无效合同自被确认为无效时起没有法律的约束力

    B. 无效合同的当事人因该合同取得的财产,应当折价补偿

    C. 无效合同中双方都有过错的,仅需承担各自的损失

    D. 合同无效的,不影响合同中有关解决争议方法的条款的效力

10. 下列投标文件中,应当拒收的是(    )。

    A. 提前送达的投标文件

    B. 投标联合体提交的未附共同投标协议的投标文件

    C. 未通过资格预审的申请人提交的投标文件

    D. 未提交投标保证金的投标文件

11. 当事人未依照法律、行政法规规定办理租赁合同登记备案手续的,租赁合同(    )。☆

    A. 有效

    B. 效力不受影响

    C. 无效

    D. 效力待定

12. 关于用能单位法定义务的说法,正确的是(    )。☆

    A. 用能单位应当按照一切从简的原则,加强节能管理

    B. 用能单位不得对能源消费实行包费制

C. 用能单位应当对各类能源的消费实行统一计量和统计
D. 用能单位应当建立循环经济制度

13. 关于投标人资格预审的说法，正确的是（　　）。
    A. 依法必须进行招标的项目的资格预审公告，应当在国务院住房城乡建设主管部门指定的媒介发布
    B. 在不同媒介发布的同一招标项目的资格预审公告的内容可以根据特定情况存在差异
    C. 依法必须进行招标的项目提交资格预审申请文件的时间，自资格预审文件停止发售之日起不得少于5日
    D. 指定媒介发布依法必须进行招标的项目的境内资格预审公告，可以收取适当的成本费用

14. 施工人员对涉及结构安全的试块，应当现场采样并提交检测，负责见证监督的单位是（　　）。
    A. 设计单位或者监理单位
    B. 建设工程质量监督机构或者监理单位
    C. 施工图审查机构或者建设单位
    D. 监理单位或者建设单位

15. 甲施工企业与乙钢材供应商订立钢材采购合同，合同价款为1 000万元，约定定金为300万元。甲实际支付定金100万元，乙按照合同约定开始供货。后在合同履行过程中，双方发生争议。关于本案中定金的说法，正确的是（　　）。
    A. 双方约定300万元的定金因为超过合同价款的20%而无效
    B. 视为变更约定的定金数额为200万元
    C. 若甲违约，致使合同目的不能实现，则应当向乙支付100万元
    D. 若乙违约，致使合同目的不能实现，则应当向甲返还200万元

16. 下列纠纷中，属于侵权纠纷的是（　　）。
    A. 发承包双方因转包工程引起的纠纷
    B. 工地塔吊倒塌造成毗邻建筑物毁损引起的纠纷
    C. 发承包双方因工程质量问题引起的纠纷
    D. 发承包双方因台风导致工期延误引起的纠纷

17. 下列情形中，注册建造师将被处以吊销执业资格证书，5年内不予注册的是（　　）。
    A. 在执业过程中实施商业贿赂的
    B. 允许他人以自己的名义从事执业活动的
    C. 因过错造成重大质量事故的
    D. 未办理变更注册而继续执业的

18. 关于投标保证金的说法，正确的是（　　）。
    A. 投标保证金有效期应当超出投标有效期
    B. 投标人撤回已提交的投标文件，招标人可以不退还投标保证金
    C. 投标保证金的上限为招标项目估算价的5%
    D. 投标截止后投标人撤销投标文件的，招标人可以不退还投标保证金

19. 在申请领取施工许可证应当具备的条件中，关于施工图纸及技术资料的说法，正确的是（　　）。
    A. 有施工方案设计即可
    B. 有经审查合格的施工图设计文件
    C. 有初步设计图纸并通过初步设计审查
    D. 有注册执业人员签章的施工图

20. 力争再利用和回收率达到30%的是（　　）。☆
    A. 碎石类建筑垃圾
    B. 建筑物拆除产生的废弃物
    C. 土石方类建筑垃圾
    D. 建筑垃圾

21. 下列法律责任中，属于刑事责任的是（　　）。
    A. 没收财产　　　　　　　　B. 罚款
    C. 没收违法所得财产　　　　D. 拘留

22. 根据《文物保护法》，受国家保护的文物是（　　）。
    A. 古建筑
    B. 近代史迹
    C. 历史上工艺美术品
    D. 反映历史上各民族社会制度的代表性实物

23. 关于行政复议决定的说法，正确的是（　　）。☆
    A. 行政复议一律采取书面审查的办法
    B. 行政复议决定作出前，申请人不得撤回行政复议申请
    C. 行政复议机关决定撤销该具体行政行为的，可以责令被申请人在一定期限内重新作出具体行政行为
    D. 申请人不得在申请行政复议时一并提出行政赔偿请求

24. 下列建筑施工条件中，属于建筑施工企业取得安全生产许可证应当具备的条件是（　　）。
    A. 为职工办理了意外伤害保险
    B. 依法参加工伤保险，为从业人员缴纳保险费
    C. 保证本单位生产经营条件所需资金的投入
    D. 管理人员和作业人员每年至少进行2次安全生产教育培训并考核合格

25. 关于建设工程款结算的说法，正确的是（　　）。
    A. 当事人在诉讼前已经对建设工程价款结算达成协议，诉讼中一方当事人申请对工程造价进行鉴定的，人民法院不予准许
    B. 对争议的工程量，承包人能够证明发包人同意其施工，但未能提供签证文件证明工程量发生的，不得按照当事人提供的其他证据确认实际发生的工程量结算工程款
    C. 当事人就同一建设工程订立的数份施工合同均无效，但建设工程质量合格的，当事人可以请求参照最后订立的合同约定折价补偿承包人

D. 当事人就同一建设工程订立的数份施工合同均无效,建设工程质量不合格的,当事人可以请求参照实际履行的合同约定折价补偿承包人

26. 下列职责中,属于施工生产安全事故调查组职责的是( )。
   A. 查明事故发生的时间
   B. 追究责任人的法律责任
   C. 提出对受伤人员的赔偿方案
   D. 提出对事故责任者的处理建议

27. 某施工现场发生了工程整体垮塌,造成7 000万元的直接经济损失,该生产安全事故属于( )。
   A. 重大事故              B. 一般事故
   C. 较大事故              D. 特别重大事故

28. 关于评标的说法,正确的是( )。
   A. 投标报价低于成本或者高于招标文件设定的最高投标限价时,评标委员会应当否决其投标
   B. 招标人可以不向评标委员会提供评标所必需的信息
   C. 投标文件未经投标单位盖章和单位负责人签字,评标委员会不应当直接否决其投标
   D. 评标过程中,评标委员会成员不能继续评标被更换后,由更换后的评标委员会成员继续进行评审

29. 关于仲裁协议效力确认的说法,正确的是( )。
   A. 当事人对仲裁协议效力有异议的,应当在仲裁裁决作出前提出
   B. 当事人既可以请求仲裁委员会作出决定,也可以请求人民法院裁定
   C. 当事人对仲裁委员会就仲裁协议效力作出的决定不服的,可以向人民法院申请撤销该决定
   D. 当事人向人民法院申请确认仲裁协议效力的案件,只能由仲裁协议约定的仲裁委员会所在地的中级人民法院管辖

30. 用人单位自用工之日起超过1个月不满1年未与劳动者订立书面劳动合同的,应当向劳动者每月支付( )的工资。☆
   A. 1倍                  B. 2倍
   C. 3倍                  D. 5倍

31. 关于建筑施工企业安全生产许可证的说法,正确的是( )。
   A. 企业在安全生产许可证有效期内未发生死亡事故的,安全生产许可证自动续期
   B. 安全生产许可证的有效期为5年
   C. 安全生产许可证有效期满前30天可以向原颁发管理机关办理延期手续
   D. 安全生产许可证遗失补办,由申请人告知资质许可机关,由资质许可机关在官网发布信息

32. 关于建设工程价款优先受偿权的说法,正确的是( )。
   A. 承包人就逾期支付建设工程价款的利息、违约金、损害赔偿金等主张优先受偿的,人民法院不予支持

B. 建设工程价款优先受偿权与抵押权效力相当，优于其他债权
C. 装饰装修工程的承包人，无权主张建设工程价款优先受偿权
D. 建设工程价款优先受偿权的起算日为建设工程竣工验收之日

33. 招标人与投标人串通投标的情形是（  ）。
    A. 招标人仅将招标文件的澄清内容通知了提问的投标人
    B. 招标人接收了未按照招标文件要求密封的投标文件
    C. 招标人间接向投标人透露评标委员会的成员信息
    D. 与招标人存在利害关系的法人投标

34. 根据《关于进一步加强建设工程施工现场消防安全工作的通知》，关于施工现场消防安全的说法，正确的是（  ）。☆
    A. 禁止在施工现场动用明火
    B. 施工现场的办公、生活区与作业区在满足防火要求的前提下可以混合设置
    C. 施工企业应当在施工组织设计中编制消防安全技术措施和专项施工方案
    D. 不得在尚未竣工的建筑物内设置作业区

35. 根据《绿色施工导则》，关于临时用地保护的说法，正确的是（  ）。☆
    A. 优化基坑施工方案，保持对土地的扰动
    B. 红线外临时占地不得占用农田和耕地
    C. 施工周期无论长短，均按临时绿化处理
    D. 工程完工后，及时对红线外占地恢复原地形、地貌

36. 关于两阶段招标的说法，正确的是（  ）。
    A. 对技术复杂或者无法精确拟定技术规格的项目，招标人必须分两阶段进行招标
    B. 第一阶段，投标人按照招标公告或者投标邀请书的要求提交带报价的技术建议
    C. 第二阶段，投标人按照招标文件的要求提交包括最终技术方案和投标报价的投标文件
    D. 招标人要求投标人提交投标保证金的，应当在第一阶段提出

37. 关于建筑业企业资质证书使用与延续的说法，正确的是（  ）。
    A. 企业跨地区参加招标投标活动，应当提供建筑业企业资质证书原件
    B. 建筑业企业资质证书有效期为3年
    C. 企业资质情况可以通过扫描建筑业企业资质证书复印件的二维码查询
    D. 延续申请应当于建筑业企业资质证书有效期届满1个月前提出

38. 关于合同形式的说法，正确的是（  ）。
    A. 电子邮件不能视为书面形式
    B. 书面形式仅指合同书形式
    C. 合同可以采用书面形式、口头形式或者其他形式
    D. 默示合同是指当事人默认的合同

39. 根据《危险性较大的分部分项工程安全管理规定》，关于危大工程专项施工方案的说法，正确的是（  ）。
    A. 危大工程实行分包的，专项施工方案应当由相关专业分包单位组织编制

B. 分包单位组织编制的专项施工方案应当由分包单位负责人签字并加盖单位公章

C. 危大工程实行施工总承包的，专项施工方案应当由施工总承包单位编制

D. 超过一定规模的危大工程，建设单位应当组织专家会议论证专项施工方案

40. 关于人民调解的说法，正确的是（　　）。

    A. 经人民调解委员会调解达成调解协议后，双方当事人可以共同向调解组织所在地基层人民法院申请司法确认

    B. 经人民调解委员会调解达成调解协议的，必须制作调解协议书

    C. 经人民调解委员会调解达成的调解协议具有法律强制力

    D. 调解协议的履行发生争议的，一方当事人可以向人民法院申请强制执行

41. 关于欠付工程款的利息支付的说法，正确的是（　　）。

    A. 机关、事业单位与中小企业订立施工合同，可以约定逾期支付工程款的利息为合同订立时1年期贷款市场报价利率的50%

    B. 机关、事业单位与中小企业订立施工合同未约定逾期付款利息，按照每日利率万分之三支付逾期利息

    C. 当事人对工程款支付时间约定不明，建设工程未交付的，起算逾期付款利息的时间为提交竣工结算文件之日

    D. 当事人对工程款支付时间没有约定，建设工程已实际交付的，起算逾期付款利息的时间为竣工验收之日

42. 关于二级建造师执业的说法，正确的是（　　）。

    A. 建造师未受聘于施工企业也可以担任该企业施工项目负责人

    B. 二级建造师可以在造价咨询企业执业

    C. 注册建造师担任施工项目负责人期间一律不得更换

    D. 注册建造师担任施工项目负责人期间一律不得变更注册到另一企业

43. 某女职工与用人单位订立劳动合同从事后勤工作，约定劳动合同期限为2年。关于该女职工权益保护的说法，正确的是（　　）。

    A. 公司应当定期安排该女职工进行健康检查

    B. 公司可以安排该女职工在经期从事国家规定的第三级体力劳动强度的劳动

    C. 若该女职工哺乳的孩子已满18个月，公司可以安排夜班劳动

    D. 若该女职工已怀孕5个月，公司不得安排夜班劳动

44. 关于可撤销合同的说法，正确的是（　　）。

    A. 代理权终止后，代理人以被代理人的名义订立的合同，可以撤销

    B. 当事人只能以提起诉讼的方式行使撤销权

    C. 被撤销的合同自法院判决生效之日起失去法律约束力

    D. 当事人可以放弃撤销权

45. 除当事人另有约定外，出卖人出卖交由承运人运输的在途标的物毁损、灭失的风险自（　　）起由买受人承担。

    A. 合同生效时

B. 合同成立时

C. 标的物交付时

D. 运输行为完成时

46. 关于工程质量检测的说法,正确的是（   ）。

    A. 检测机构应当建立档案管理制度,并应当单独建立检测结果不合格项目台账

    B. 应当由施工企业委托具有相应资质的检测机构进行检测

    C. 检测机构可以监制建筑材料、构配件和设备

    D. 检测报告经设计单位或者工程监理单位确认后,由建设单位归档

47. 关于工程建设强制性标准实施的说法,正确的是（   ）。

    A. 工程建设标准批准部门应当将强制性标准监督检查结果在一定范围内公告

    B. 强制性国家标准发布后实施前,企业应当继续执行原强制性国家标准

    C. 建设工程设计文件中可能影响建设工程质量和安全且无国家技术标准的新材料,一律不得使用

    D. 工程建设中采用国际标准,而现行强制标准未作规定的,建设单位应当向省级住房城乡建设主管部门备案

48. 根据《民法典》,下列合同的免责条款中,无效的是（   ）。☆

    A. 因轻微过失违约无需承担违约责任的条款

    B. 因不可抗力造成对方财产损失的免责条款

    C. 因市场价格波动造成对方财产损失的免责条款

    D. 因重大过失造成对方财产损失的免责条款

49. 关于诉讼时效的说法,正确的是（   ）。

    A. 人民法院应当主动适用诉讼时效的规定

    B. 超过诉讼时效期间后权利人起诉的,人民法院不予受理

    C. 诉讼时效期间届满后,义务人已经自愿履行的,可以请求返还

    D. 当事人对诉讼时效利益的预先放弃无效

50. 下列行为中,属于施工企业业务承揽不良行为的是（   ）。

    A. 超越本单位资质等级承揽工程的

    B. 允许其他单位或者个人以本单位名义承揽工程的

    C. 不按照与招标人订立的合同履行义务,情节严重的

    D. 涂改、伪造、出借、转让建筑业企业资质证书的

51. 下列国有资金占控股或者主导地位的依法必须进行招标的项目,可以采取邀请招标的是（   ）。

    A. 采用公开招标方式的费用占项目合同金额的比例过大的项目

    B. 省、自治区、直辖市人民政府确定的地方重点项目

    C. 由于技术复杂导致公开招标程序复杂的项目

    D. 受资金条件限制,只有少量潜在投标人可供选择的项目

52. 关于建设工程领域保证金的说法，正确的是（    ）。
   A. 工程项目竣工前，已经提交履约保证金的，建设单位不得同时预留工程质量保证金
   B. 省级住房城乡建设主管部门有权新设保证金项目
   C. 未按规定返还保证金的，保证金收取方无需向建筑业企业支付逾期返还违约金
   D. 保证金只能以现金方式提交

53. 根据《建筑市场信用管理暂行办法》，不良信用信息公开期限一般为（    ）。
   A. 3个月至1年
   B. 1年至3年
   C. 3年至5年
   D. 6个月至3年

54. 关于借款合同利息的说法，正确的是（    ）。
   A. 借款的利息可以预先在本金中扣除
   B. 对支付利息的期限没有约定的，应当在返还借款时一并支付
   C. 借款人提前返还借款利息的，应当按照借款合同约定的期间支付利息
   D. 借款合同对支付利息没有约定的，视为没有利息

55. 建筑节能分部工程验收的主持人应当是（    ）。
   A. 施工企业项目经理
   B. 设计单位节能设计负责人
   C. 总监理工程师（建设单位项目负责人）
   D. 施工企业技术负责人

56. 关于移送管辖的说法，正确的是（    ）。
   A. 移送管辖权仅限于上下级法院之间
   B. 移送管辖与管辖权转移的程序完全相同
   C. 受移送的法院认为受移送的案件不属于本院管辖的，可以再自行移送
   D. 移送管辖是没有管辖权的法院把案件移送给有管辖权的法院审理

57. 下列安全生产责任中，属于建设工程项目专职安全生产管理人员职责的是（    ）。
   A. 组织制定并实施生产安全事故应急救援预案
   B. 保证本单位安全生产投入的有效实施
   C. 督促、检查企业的安全生产工作，及时消除生产安全事故隐患
   D. 现场监督危险性较大工程安全专项施工方案实施情况

58. 施工合同履行中，关于设计缺陷造成的工程质量问题的说法，正确的是（    ）。
   A. 设计单位应当负责返修，费用由设计单位承担
   B. 施工企业应当负责返修，费用由施工企业垫付
   C. 施工企业应当负责返修，费用由建设单位先行承担
   D. 建设单位应当负责返修，费用由设计单位承担

59. 关于仲裁调解的说法，正确的是（    ）。
   A. 仲裁调解书经双方当事人签收后，即发生法律效力

B. 仲裁裁决书的法律效力高于仲裁调解书

C. 仲裁调解达成协议的，仲裁庭应当根据协议的内容制作裁决书

D. 仲裁调解书签收前当事人反悔的，当事人应当重新申请仲裁

60. 根据《建设工程安全生产管理条例》，应当由施工起重机械安装单位承担法律责任的情形是（　　）。

A. 未由专业技术人员现场监督的

B. 未审查拆装方案的

C. 未审查安全施工措施的

D. 未向建设单位进行安全使用说明，办理移交手续的

二、多项选择题（共20题，每题2分。每题的备选项中，有2个或2个以上符合题意，至少有1个错项。错选，本题不得分；少选，所选的每个选项得0.5分）

61. 关于依法必须招标的项目公示中标候选人的说法，正确的有（　　）。

A. 中标候选人公示期不得少于3日

B. 招标人应当自收到评标报告之日起5日内公示中标候选人

C. 投标人对评标结果有异议，应当在中标候选人公示期间提出

D. 招标人应当自收到对评标结果的异议之日起5日内作出答复

E. 招标人在对评标结果的异议作出答复前，可以暂停招标投标活动

62. 下列责任中，建设单位的安全责任有（　　）。

A. 编制安全技术措施和安全专项施工方案

B. 总体协调总分包单位的安全生产

C. 申请中断道路交通的批准手续

D. 向施工企业提供真实、准确和完整的有关资料

E. 确定建设工程安全作业环境及安全施工措施所需费用

63. 根据《民法典》，保证合同担保的范围包括（　　）。

A. 主债权及利息　　　　　　B. 违约金

C. 损害赔偿金　　　　　　　D. 定金

E. 实现债权的费用

64. 关于商标专用权的说法，正确的有（　　）。

A. 商标专用权是商标所有人对其设计的商标所享有的权利

B. 商标专用权包括使用权和禁止权两个方面

C. 注册商标的有效期为10年，自核准注册之日起计算

D. 商标专用权人可以将商标连同企业或者商誉同时转让，也可以将商标单独转让

E. 商标专用权的内容包括财产权和人身权

65. 关于法的效力层级的说法，正确的有（　　）。

A. 自治条例依法对法律、行政法规、地方性法规作变通规定的，在本自治地方适用自治条例的规定

B. 宪法是国家的根本大法，具有最高的法律效力

C. 法律之间对同一事项的新的一般规定与旧的特别规定不一致，不能确定如何适用时，由全国人民代表大会常务委员会裁决

D. 省、自治区、直辖市的人民代表大会及其常务委员会制定的地方性法规，报全国人民代表大会常务委员会和国务院备案

E. 行政法规的法律效力仅次于宪法

66. 根据《民法典》，租赁合同的承租人可以随时解除合同的情形有（　　）。
    A. 租赁物在承租人按照租赁合同占用期限内发生所有权变动的
    B. 出租人不同意承租人对租赁物进行改善或者增设他物的
    C. 当事人对租赁期限没有约定或者约定不明确，依法仍不能确定的
    D. 租赁物被司法机关依法查封扣押的
    E. 租赁物危及承租人安全或者健康的，承租人订立合同时明知该租赁物质量不合格的

67. 关于未成年工劳动保护的说法，正确的有（　　）。
    A. 用人单位在未成年工上岗前应当对其进行有关的职业安全卫生教育和培训
    B. 用人单位不得安排未成年工从事矿山井下的劳动
    C. 用人单位应当对未成年工定期进行健康检查
    D. 用人单位不得安排未成年工从事国家规定的第4级体力劳动强度的劳动
    E. 用人单位不得安排未成年工从事建设工程施工的劳动

68. 根据《建设工程质量管理条例》，关于建设工程质量保修期的说法，正确的有（　　）。
    A. 建设工程在超过合理使用年限后一律不得继续使用
    B. 质量保修期内，施工企业对工程的一切质量缺陷承担责任
    C. 质量保修期的起始日是竣工验收合格之日
    D. 对于电气管线工程，建设单位与施工企业经平等协商可以约定5年的质量保修期
    E. 建设单位与施工企业就景观绿化工程可以约定1年的质量保修期

69. 关于联合体投标的说法，正确的有（　　）。
    A. 联合体投标一般适用于大型的或者结构复杂的建设项目
    B. 联合体至少一方应当具备承担招标项目的相应能力
    C. 联合体中标的，联合体各方应当共同与招标人订立合同
    D. 由同一专业的单位组成的联合体，按照资质等级较高的单位确定资质等级
    E. 联合体中标的，联合体各方就中标项目向招标人承担按份责任

70. 下列条款中，劳动合同应当具备的条款有（　　）。
    A. 试用期
    B. 社会保险
    C. 劳动合同期限
    D. 工作方法与要求
    E. 工作内容和工作地点

71. 关于施工现场大气污染防治的说法，正确的有（　　）。
    A. 施工合同应当明确施工企业扬尘污染防治责任

B. 工程渣土、建筑垃圾应当进行资源化处理
C. 小型工程的工程造价可以不列支防止扬尘污染的费用
D. 施工工地应当公示扬尘污染的相关信息
E. 暂时不能开工的施工工地，施工企业应当对裸露地面进行覆盖

72. 根据《建筑工程施工发包与承包计价管理办法》，下列情形中，属于发承包双方应当在合同中约定合同价款调整方法的有（   ）。☆
   A. 施工企业根据施工现场实际情况更改施工组织设计造成费用增加的
   B. 工程造价管理机构发布价格调整信息的
   C. 国家有关政策变化影响合同价款的
   D. 市场价格发生变化的
   E. 经批准变更设计的

73. 下列情形中，属于应当重新组织建筑节能工程验收的有（   ）。☆
   A. 隐蔽验收记录等技术档案和施工管理资料不完整的
   B. 参加验收人员不具备相应资格的
   C. 建筑节能工程存在质量缺陷的
   D. 参加验收各方主体验收意见不一致的
   E. 验收程序和执行标准不符合要求的

74. 根据《劳动合同法》，劳动合同终止的情形有（   ）。
   A. 劳动者开始依法享受基本养老保险待遇的
   B. 用人单位营业执照到期的
   C. 用人单位进入破产重整程序的
   D. 劳动者死亡，或者被人民法院宣告死亡或者宣告失踪的
   E. 用人单位决定提前解散的

75. 招标人的下列行为中，属于以不合理的条件限制、排斥潜在投标人或者投标人的有（   ）。
   A. 对同一招标项目向投标人提出有差别的项目信息
   B. 对潜在投标人采取不同的资格审查标准
   C. 设定与合同履行有关的资格条件
   D. 指定特定的专利、商标、品牌、原产地或者供应商
   E. 以投标人的业绩、奖项作为加分条件

76. 下列情形中，可以引起诉讼时效中断的有（   ）。
   A. 权利人申请仲裁
   B. 义务人同意履行义务
   C. 不可抗力
   D. 权利人被义务人或者其他人控制
   E. 权利人向义务人提出履行请求

77. 下列纠纷中，属于劳动争议范围的有（　　）。
    A. 劳动者请求社会保险经办机构发放社会保险金的纠纷
    B. 劳动者与用人单位在履行劳动合同过程中发生的纠纷
    C. 劳动者与用人单位因住房制度改革产生的公有住房转让纠纷
    D. 因除名、辞退和辞职、离职发生的纠纷
    E. 劳动者退休后，与尚未参加社会保险统筹的原用人单位因追索养老金、医疗费、工伤保险待遇和其他社会保险待遇而发生的纠纷

78. 根据《民法典》，受损失的人可以请求得利人返还取得的利益的有（　　）。
    A. 一方当事人按照合同约定先行给付，后该合同被确认无效
    B. 为履行道德义务进行的给付
    C. 债务到期之前的清偿
    D. 明知无给付义务而进行的债务清偿
    E. 无处分权人处分他人财产而取得的利益

79. 关于建设用地使用权的说法，正确的有（　　）。
    A. 建设用地使用权可以在土地的地表、地上或者地下分别设立
    B. 设立建设用地使用权可以采取出让或者划拨等方式
    C. 建设用地使用权人应当合理利用土地，不得改变土地用途
    D. 建设用地使用权只能存在于国家所有的土地上
    E. 建设用地使用权消灭的，该土地使用权人应当及时办理注销登记

80. 根据《房屋建筑和市政基础设施项目工程总承包管理办法》，关于工程总承包单位的说法，正确的有（　　）。
    A. 工程总承包单位应当同时具有与工程规模相适应的工程设计资质和施工资质
    B. 工程总承包单位可以由具有相应资质的设计单位和施工企业组成联合体
    C. 工程总承包单位应当具有相应的项目管理体系和项目管理能力、财务和风险承担能力
    D. 工程总承包单位应当具有与发包工程相类似的设计、施工或工程总承包业绩
    E. 工程总承包单位可以是工程总承包项目的代建单位或者造价咨询单位

模拟部分

# 5套真题3套模拟
## 二建法规

建造师考试研究院 组编

立信会计出版社
LIXIN ACCOUNTING PUBLISHING HOUSE

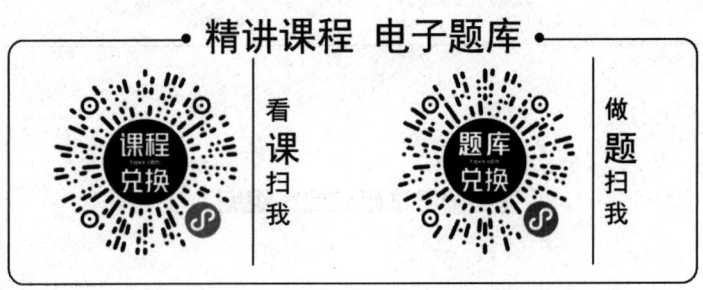

# 《建设工程法规及相关知识》模拟试卷（一）

（考试时间 120 分钟　满分 100 分）

微信扫码，获取配套专属增值服务

- 开启考试模式
- 记录得分、正确率及排名
- 回看错题解析

电子答题卡

一、单项选择题（共 60 题，每题 1 分。每题的备选项中，只有 1 个最符合题意）

1. 下列法律中，属于宪法相关法的是（　　）。
   A.《城乡规划法》　　　　　　　　　B.《行政许可法》
   C.《招标投标法》　　　　　　　　　D.《国务院组织法》

2. 《建设工程勘察设计管理条例》的制定机关是（　　）。
   A. 全国人民代表大会　　　　　　　B. 国务院
   C. 全国人民代表大会常务委员会　　D. 最高人民法院

3. 法律之间对同一事项的新的一般规定与旧的特别规定不一致，不能确定如何适用时，负责进行裁决的机关是（　　）。
   A. 国务院　　　　　　　　　　　　B. 最高人民法院
   C. 全国人民代表大会　　　　　　　D. 全国人民代表大会常务委员会

4. 下列关于不动产权利的说法，正确的是（　　）。
   A. 海域使用权需依照规定办理登记
   B. 集体土地所有权无须依照规定办理登记
   C. 不动产登记费按照不动产的面积收取
   D. 不动产登记费按照不动产价款的比例收取

5. 物权包括所有权、（　　）和担保物权。
   A. 占有权　　　　B. 使用权　　　　C. 处分权　　　　D. 用益物权

6. 下列关于建设用地使用权的说法，错误的是（　　）。
   A. 建设用地使用权只能在土地的地表设立
   B. 集体所有的土地作为建设用地的，应当依照土地管理的法律规定办理
   C. 建设用地使用权抵押的，该土地上的建筑物应一并抵押
   D. 住宅建设用地使用权期限届满的，自动续期

7. 根据《民法典》，不能设定权利质押的是（　　）。
   A. 专利权中的财产权　　　　　　　B. 可转让的股权

C. 债券　　　　　　　　　　　　　D. 房屋所有权

8. 关于占有的说法，正确的是（　　）。
   A. 占有是指占有人对动产的实际控制
   B. 在施工过程中，施工企业对施工场地的占有属于自主占有
   C. 占有人返还原物的请求权，自侵占发生之日起 6 个月内未行使的，该请求权消灭
   D. 占有可以分为自主占有和他主占有

9. 下列关于知识产权保护期的说法，错误的是（　　）。
   A. 发明专利权保护期为提出申请后 20 年
   B. 注册商标有效期为核准后 10 年
   C. 著作权保护期为作品发表后 50 年
   D. 计算机软件归属于法人的，保护期为首次发表后 50 年

10. 关于损害赔偿的说法，错误的是（　　）。
    A. 侵害他人人身权益造成财产损失的，按照被侵权人因此受到的损失或者侵权人因此获得的利益赔偿
    B. 损害发生后，当事人可以协商赔偿费用的支付方式
    C. 侵害他人造成人身损害的，应当赔偿医疗费、护理费、交通费、营养费、住院伙食补助费等为治疗和康复支出的合理费用，以及因误工减少的收入
    D. 因同一侵权行为造成多人死亡的，应与当事人协商按照比例确定死亡赔偿金

11. 关于增值税应纳税额计算的说法，正确的是（　　）。
    A. 纳税人兼营不同税率的项目，应当分别核算不同税率项目的销售额，未分别核算销售额的，从低适用税率
    B. 小规模纳税人发生应税销售行为，实行按照销售额和征收率计算应纳税额的简易办法，可以抵扣进项税额
    C. 当期销项税额小于当期进项税额不足抵扣时，其不足部分不再结转下期继续抵扣
    D. 纳税人销售货物、劳务、服务、无形资产、不动产，应纳税额为当期销项税额抵扣当期进项税额后的余额

12. 下列事项中，可以设定行政许可的是（　　）。
    A. 公民、法人或者其他组织能够自主决定的
    B. 市场竞争机制能够有效调节的
    C. 行业组织或者中介机构能够自律管理的
    D. 直接涉及国家安全、公共安全等特定活动，需要按照法定条件予以批准的

13. 下列选项中，属于附加刑的是（　　）。
    A. 拘役　　　　　　　　　　　　　B. 管制
    C. 剥夺政治权利　　　　　　　　　D. 有期徒刑

14. 关于重大责任事故罪的说法，错误的是（　　）。
    A. 本罪侵犯的客体是厂矿企业、事业单位的安全生产制度
    B. 重大责任事故罪是指安全生产设施或者安全生产条件不符合国家规定，因而发生重

大伤亡事故或者造成其他严重后果的行为

C. 本罪的犯罪主体包括对生产、作业负有组织、指挥或者管理职责的负责人、管理人员、实际控制人、投资人等人员，以及直接从事生产、作业的人员

D. 本罪的主观方面是过失

15. 关于法人的说法，错误的是（　　）。
   A. 项目经理部是法人的常设下属机构
   B. 法人分为营利法人、非营利法人、特别法人
   C. 项目经理部行为的法律后果由企业法人承担
   D. 有自己的财产或者经费是法人成立的条件之一

16. 关于代理的说法，正确的是（　　）。
   A. 代理人在代理权限内实施代理行为的法律后果由被代理人承担
   B. 代理人可以超越代理权实施代理行为
   C. 被代理人对代理人的一切行为承担民事责任
   D. 代理是代理人以自己的名义实施民事法律行为

17. 关于委托代理终止情形的说法，正确的是（　　）。
   A. 被代理人丧失民事行为能力，委托代理终止
   B. 代理人恢复了民事行为能力，委托代理终止
   C. 被代理人死亡，委托代理不终止
   D. 代理期限届满或者代理事务完成，委托代理终止

18. 甲公司的业务员王某被开除后，为报复甲公司，用盖有甲公司公章的空白合同书与乙公司订立一份建材购销合同。乙公司并不知情，并按时将货物送至甲公司所在地，甲公司拒绝接收，引起纠纷。关于该案中代理与合同效力的说法，正确的是（　　）。
   A. 王某的行为为无权代理，合同无效　　B. 王某的行为为表见代理，合同无效
   C. 王某的行为为委托代理，合同有效　　D. 王某的行为为表见代理，合同有效

19. 关于建筑业企业资质证书的申请和延续的说法，正确的是（　　）。
   A. 企业首次申请或增项申请资质，应当申请最低等级资质
   B. 建筑业企业只能申请一项建筑业企业资质
   C. 建筑业企业资质证书有效期届满6个月前，企业应当向原资质许可机关提出延续申请
   D. 资质许可机关应当在建筑业企业资质证书有效期届满前做出是否准予延续的决定；逾期未做出决定的，视为拒绝延续

20. 根据《建筑业企业资质管理规定》，资质许可机关应当撤销建筑业企业资质的情形是（　　）。
   A. 企业将承包工程转包或违法分包的
   B. 企业未取得施工许可证擅自施工的
   C. 超越法定职权准予资质许可的
   D. 企业发生过较大以上质量安全事故或者发生过两起以上一般质量安全事故的

21. 根据《注册建造师执业管理办法（试行）》，注册建造师不得同时担任两个及以上建设工程施工项目负责人，（　　）除外。

   A. 合同约定的工程验收合格的

   B. 合同约定的工程尚未开工的

   C. 合同约定的工程主体已经完成的

   D. 因非承包方原因致使工程项目停工超过120天的

22. 下列施工管理文件签章及修改的做法中，正确的是（　　）。

   A. 修改注册建造师已经签章的工程施工管理文件，所在施工企业可以指定具有高级职称的技术人员直接修改

   B. 分包工程的施工管理文件应当由总承包单位注册建造师签章

   C. 注册建造师已经签章的工程施工管理文件的修改，由其本人直接进行并自行负责

   D. 分包单位签署质量合格的文件，必须由担任总承包项目负责人的注册建造师签章

23. 根据《全国建筑市场各方主体不良行为记录认定标准》，以下属于工程质量不良行为认定标准的是（　　）。

   A. 允许其他单位或个人以本单位名义承揽工程的

   B. 工程竣工验收后，不向建设单位出具质量保修书的

   C. 以他人名义投标或以其他方式弄虚作假，骗取中标的

   D. 将承包的工程转包或违法分包的

24. 关于事业单位从中小企业采购工程价款支付的说法，正确的是（　　）。

   A. 机关、事业单位从中小企业采购货物、工程、服务，应当自货物、工程、服务交付之日起60日内支付款项

   B. 事业单位内部付款流程未履行完毕的，可以拒绝或者延迟支付中小企业采购工程价款

   C. 合同约定采取履行进度结算的，付款期限应当自相应履行进度完成之日起算

   D. 机关、事业单位和大型企业与中小企业约定以货物、工程、服务交付后经检验或者验收合格作为支付中小企业款项条件的，付款期限应当自检验或者验收合格之日起算

25. 下列情形中，不需要办理施工许可证的是（　　）。

   A. 投资总额为40万元的建设工程

   B. 农民自建高层住宅

   C. 作为文物保护的纪念建筑物和古建筑等的修缮

   D. 建筑面积300平方米以上的民用建筑工程

26. 建设单位于2022年2月15日申请领取了施工许可证，但因项目拆迁受阻，工程于2023年2月22日才决定开工，则建设单位（　　）。

   A. 向发证机关报告后即可开工

   B. 应向发证机关申请施工许可证延期

   C. 应向发证机关重新申请领取施工许可证

   D. 应当报发证机关重新核验施工许可证

27. 关于工程总承包单位的说法，正确的是（    ）。
    A. 工程总承包单位不得是工程总承包项目的代建单位
    B. 建设单位应当采用招标方式选择工程总承包单位
    C. 工程总承包单位可以是具有相应工程设计资质的设计单位
    D. 工程总承包单位不得是联合体

28. 《招标投标法实施条例》规定了两阶段招标程序。关于该程序，下列表述正确的是（    ）。
    A. 第二阶段，投标人按照招标文件的要求提交包括最终技术方案和投标报价的投标文件
    B. 招标人要求投标人提交投标保证金的，应当在第一阶段提出
    C. 受自然环境限制，只有少量潜在投标人可供选择的项目，招标人可以分两段进行招标
    D. 第一阶段，投标人按照招标公告的要求提交附带报价的技术建议

29. 关于投标人资格审查的说法，正确的是（    ）。
    A. 资格审查分为资格预审、资格中审和资格后审
    B. 资格预审结束后，评标委员会应当及时向资格预审申请人发出资格预审结果通知书
    C. 招标人采用资格预审的应当发布资格预审公告
    D. 采用资格后审的，在开标后由招标人按照招标文件规定的标准和方法对投标人资格进行审查

30. 关于联合体投标的说法，正确的是（    ）。
    A. 联合体应在中标后提交共同投标协议
    B. 联合体各方均应当具备招标文件规定的相应资格条件
    C. 联合体通过资格预审后，其组成成员可以变化，但最迟应在提交投标文件截止时间前完成
    D. 由不同专业的单位组成联合体，按照资质等级较低的单位确定其资质等级

31. 甲施工单位未按照招标文件的要求密封投标文件，则招标人对该文件（    ）。
    A. 应当拒收                     B. 开标前由投标人或者其推选的代表确认
    C. 开标前由招标人委托的公证机构确认      D. 承认其有效

32. 投标人的下列行为中，属于投标人相互串通投标的是（    ）。
    A. 不同投标人的投标文件相互混装
    B. 不同投标人的投标文件由同一单位或者个人编制
    C. 属于同一集团、协会、商会等组织成员的投标人按照该组织要求协同投标
    D. 不同投标人的投标文件载明的项目管理成员为同一人

33. 下列情况中，属于重大偏差的是（    ）。
    A. 投标文件载明的招标项目完成期限在招标文件规定的期限内
    B. 不符合技术规格、技术标准的要求
    C. 投标文件没有投标人授权代表加盖公章
    D. 投标文件载明的货物包装方式、检验标准和方法等不符合招标文件的要求

34. 在招标过程中，关于投标人提出异议的说法，正确的是（    ）。
    A. 对招标文件有异议，除投标人可以提出外，其他利害关系人也可以提出

B. 对资格预审文件的异议，应当在发售资格预审文件期间提出

C. 对招标文件的异议，应在提交投标文件截止时间15日前提出

D. 招标人应当自收到异议之日起5日内作出答复

35. 谈判小组由采购人的代表和有关专家共（　　）人以上的单数组成，其中专家的人数不得少于成员总数的（　　）。

A. 3；1/2　　　　B. 5；1/2　　　　C. 3；2/3　　　　D. 5；2/3

36. 下列要约中可以撤销的是（　　）。

A. 撤销要约的通知在受要约人发出承诺通知之前到达受要约人

B. 要约人确定了承诺期限

C. 受要约人有理由认为要约是不可撤销的，并已经为履行合同做了合理准备工作

D. 要约人明示要约不可撤销

37. 以下不属于有效合同所必须具备的条件的是（　　）。

A. 行为人具有相应的民事行为能力　　　　B. 意思表示真实

C. 不违反法律、行政法规的规定　　　　D. 不违背公序良俗

38. 关于撤销权的消灭，下列说法正确的是（　　）。

A. 当事人自知道或者应当知道撤销事由之日起1年内没有行使撤销权，撤销权消灭

B. 当事人受胁迫，自知道或者应当知道撤销事由之日起1年内没有行使撤销权，撤销权消灭

C. 重大误解的当事人自知道或者应当知道撤销事由之日起1年内没有行使撤销权，撤销权消灭

D. 当事人自民事法律行为发生之日起3年内没有行使撤销权的，撤销权消灭

39. 订立合同时，当事人在合同中对价格没有作出明确规定。合同生效后，如果不能达成补充协议，按照合同相关条款或者交易习惯也不能确定的，则应按照（　　）的市场价格履行。

A. 订立合同时订立地　　　　B. 订立合同时履行地

C. 履行合同时订立地　　　　D. 履行合同时履行地

40. 关于违约责任的免除，下列说法错误的是（　　）。

A. 因不可抗力不能履行合同的，应当及时通知对方，以减轻可能给对方造成的损失，并应当在合理期限内提供证明

B. 因不可抗力不能履行合同的，根据不可抗力的影响，可以部分或全部免除责任

C. 当事人迟延履行后发生不可抗力的，可以免除责任

D. 可以通过合同约定违约责任的免责事由

41. 建设工程未经竣工验收，发包人擅自使用的，竣工日期（　　）。

A. 以合同约定的竣工日期为准　　　　B. 相应顺延

C. 以承包人提交竣工报告之日为竣工日期　　D. 以转移占有建设工程之日为竣工日期

42. 某建设工程于10月1日通过竣工验收，10月10日承包人提交竣工结算文件，10月20日承包人将工程移交发包人，但发包人一直未支付工程余款。次年5月1日，承包人将发包人起诉至人民法院，要求其支付工程欠款及其利息，则利息起算日应为（　　）。

A. 10月10日　　　B. 10月20日　　　C. 12月1日　　　D. 次年5月1日

43. 关于解决工程价款结算争议的说法，正确的是（    ）。
    A. 装饰装修工程的承包人请求工程价款就该装饰装修工程折价或者拍卖的价款优先受偿的，人民法院不予支持
    B. 承包人享有的建设工程价款优先受偿权优于抵押权和其他债权
    C. 建设工程承包人行使建设工程价款优先受偿权的期限自转移占有建设工程之日起计算
    D. 承包人应当在合理期限内行使建设工程价款优先受偿权，但最长不得超过 6 个月

44. 甲施工企业向乙设备租赁公司租赁塔吊，租赁费为 20 万元，其拟将租赁费转移给开发商。依据《民法典》的规定，其转移债务的必要条件是（    ）。
    A. 通知乙设备租赁公司  B. 须经乙设备租赁公司同意
    C. 与开发商达成转让协议  D. 要为乙设备租赁公司提供担保

45. 关于买卖合同的法律特征，下列表述错误的是（    ）。
    A. 买卖合同是转移标的物所有权的合同
    B. 在买卖合同中，出卖人负有向买受人转移标的物所有权的义务，买受人负有向出卖人支付价款的义务
    C. 除当事人另有约定外，双方就合同的主要条款协商达成一致即可成立，无须以具备某种形式或完成某种手续为成立要件
    D. 买卖合同是实践合同

46. 甲、乙双方签订买卖合同，丙为乙的债务提供保证，但保证合同未约定保证方式及保证期间。关于该保证合同的说法，正确的是（    ）。
    A. 丙的保证方式为连带责任保证
    B. 甲在保证期间内依法将主债权转让给丁，丙在原保证担保的范围内继续承担保证责任
    C. 保证期间为主债务履行期限届满之日起 3 个月
    D. 甲既可先向乙主张债权，又可先向丙主张债权

47. 关于承揽合同的解除，下列说法正确的是（    ）。
    A. 定作人不履行协助义务的，承揽人可以解除合同
    B. 承揽人将承揽的工作交由第三人完成的，定作人有权解除合同
    C. 定作人在承揽人完成工作前可以随时解除合同，造成承揽人损失的，应该赔偿损失
    D. 承揽人在承揽人完成工作前可以随时解除合同，造成定作人损失的，应该赔偿损失

48. 根据《建设工程安全生产管理条例》，关于实行施工总承包的建设工程安全责任的说法，正确的是（    ）。
    A. 总承包单位和分包单位依据承包合同的规定，对施工现场的安全生产各自独立承担相应责任
    B. 建设单位、总承包单位和分包单位对分包工程的安全生产承担连带责任
    C. 分包单位不服从管理导致生产安全事故的，由分包单位承担全部责任
    D. 总承包单位依法将建设工程分包给其他单位的，分包合同中应当明确各自安全生产方面的权利和义务

49. 关于建筑施工企业负责人施工现场带班制度的说法，正确的是（    ）。
    A. 超过一定规模的危险性较大的分部分项工程施工时，建筑施工企业负责人应到施工

现场进行带班检查

B. 建筑施工企业负责人每月带班检查的时间不少于该月的25%

C. 建筑施工企业负责人带班检查时形成的检查记录仅在工程项目上存档备查即可

D. 对于有分公司的企业集团，集团负责人因故不能到现场的，必须书面委托集团公司所在地分公司负责人进行带班检查

50. 对于土方开挖工程，施工企业编制专项施工方案后，应经（　　）签字后实施。
A. 施工单位项目经理、总监理工程师　　B. 施工单位技术负责人、建设单位负责人
C. 施工单位技术负责人、总监理工程师　　D. 建设单位负责人、监理工程师

51. 某工地发生了安全事故，造成9人死亡、70人重伤。根据《生产安全事故报告和调查处理条例》的规定，该事故属于（　　）事故。
A. 特别重大　　B. 重大　　C. 较大　　D. 一般

52. 关于工程建设国家标准的说法，正确的是（　　）。
A. 强制性国家标准由国务院标准化行政主管部门制定
B. 强制性国家标准由国务院批准发布或者授权批准发布
C. 强制性国家标准的解释效力高于标准
D. 强制性国家标准复审周期一般不得超过3年

53. 根据《建设工程质量管理条例》，下列属于设计单位质量责任和义务的是（　　）。
A. 审查施工组织设计中的安全技术措施是否符合强制性标准
B. 就审查合格的施工图设计文件向施工单位进行交底
C. 依法报审施工图设计文件
D. 与本工程的承包商或供应商存在利害关系的，应当回避

54. 下列关于建设工程见证取样的说法，正确的是（　　）。
A. 施工人员对工程涉及结构安全的试块、试件和材料，应当在建设单位或工程监理单位监督下现场取样
B. 涉及结构安全的试块、试件和材料见证取样和送检比例不得低于有关技术标准中规定应取样的60%
C. 墙体保温材料必须实施见证取样和送检
D. 见证人员应由施工企业中具备施工试验知识的专业技术人员担任

55. 根据《劳务派遣暂行规定》，被派遣劳动者在用工单位因工作遭受事故伤害，关于申请工伤认定的说法，正确的是（　　）。
A. 用工单位申请，劳务派遣单位协助　　B. 被派遣劳动者申请，劳务派遣单位协助
C. 劳务派遣单位申请，用工单位协助　　D. 被派遣劳动者申请，劳动行政部门协助

56. 下列选项中，视同工伤的情形是（　　）。
A. 在工作时间和工作场所内，因工作原因受到事故伤害的
B. 在工作时间和工作岗位，突发疾病死亡
C. 因工外出期间，由于工作原因受到伤害或者发生事故下落不明的
D. 在上下班途中，受到非本人主要责任的交通事故或者城市轨道交通、客运轮渡、火

车事故伤害的

57. 某建筑企业的劳动争议仲裁委员会应由（　　）组成。
    A. 劳动行政部门代表、工会代表和企业方面代表
    B. 企业的职工代表、工会代表、劳动行政部门的代表
    C. 企业的职工代表、企业代表、工会代表
    D. 企业的职工代表、企业代表、劳动行政部门的代表

58. 下列选项中，不能提起行政复议的是（　　）。
    A. 行政机关冻结某建筑公司的银行账号
    B. 行政机关限制某项目经理的人身自由
    C. 某市建设行政主管部门对民事纠纷作出的调解
    D. 某市民政部门对张某成立社团组织的申请不予批准

59. 下列仲裁协议有效的是（　　）。
    A. 当事人就仲裁事项达成补充协议的仲裁协议
    B. 以口头方式达成的仲裁协议
    C. 约定了可以提交诉讼也可以提交仲裁解决的仲裁协议
    D. 约定了两个仲裁委员会的仲裁协议

60. 下列关于仲裁庭组成的表述，正确的是（　　）。
    A. 仲裁庭可以由3名仲裁员或1名仲裁员组成
    B. 由3名仲裁员组成仲裁庭的，不设首席仲裁员
    C. 仲裁庭由2名仲裁员组成，当事人双方各选定1名
    D. 仲裁庭可以由1名仲裁员和2名陪审员组成

二、多项选择题（共20题，每题2分。每题的备选项中，有2个或2个以上符合题意，至少有1个错项。错选，本题不得分；少选，所选的每个选项得0.5分）

61. 关于物权设立、物权保护的说法，正确的有（　　）。
    A. 合同签字盖章，发生物权设立效力
    B. 不动产物权经依法登记，发生设立效力
    C. 机动车转让的，自交付时生效，但未经登记，不得对抗善意第三人
    D. 未经物权登记，不动产交易合同无效
    E. 因物权的归属、内容发生争议的，当事人可以请求返还原物

62. 关于建设用地使用权的抵押，下列说法正确的有（　　）。
    A. 以建设用地使用权抵押的，该土地上的建筑物一并抵押
    B. 经城市、县人民政府城乡规划主管部门批准后，乡镇、村企业的建设用地使用权可以单独抵押
    C. 建设用地使用权抵押后，该土地上新增的建筑物属于抵押财产
    D. 新增建筑物所得的价款，抵押权人有权优先受偿
    E. 建设用地使用权实现抵押权时，应当将该土地上新增的建筑物与建设用地使用权一并处分

63. 行政强制执行的方式包括（　　）。
   A. 冻结存款、汇款
   B. 扣押财物
   C. 加处罚款或滞纳金
   D. 排除妨碍、恢复原状
   E. 限制公民人身自由

64. 根据《建筑工程施工发包与承包违法行为认定查处管理办法》，下列情形中，不属于违法分包的有（　　）。
   A. 承包单位将其承包的工程分包给个人的
   B. 专业作业承包人将其承包的劳务再分包的
   C. 没有资质的单位或个人借用其他施工单位的资质承揽工程的
   D. 专业分包单位将其承包的专业工程中非劳务作业部分再分包的
   E. 专业作业的发包单位不是该工程承包单位的

65. 下列建筑工程项目中，可以不进行招标的有（　　）。
   A. 承包商、供应商或者服务提供者少于3家，不能形成有效竞争的项目
   B. 利用扶贫资金实行以工代赈、需要使用农民工的不适宜招标的项目
   C. 必须向原中标人采购工程，否则不能满足功能配套要求的项目
   D. 需要采用不可替代的专有技术的项目
   E. 建筑面积500平方米的社区医院

66. 关于投标保证金的说法，正确的有（　　）。
   A. 招标人在招标文件中要求投标人提交投标保证金的，投标保证金不得超过中标合同金额的2%
   B. 施工、货物招标的，投标保证金最高不得超过80万元人民币
   C. 勘察、设计等服务招标的，投标保证金最高不得超过80万元人民币
   D. 投标保证金有效期应当与投标有效期一致
   E. 招标人不得挪用投标保证金

67. 下列关于开标程序的说法，正确的有（　　）。
   A. 开标应当在招标文件确定的提交投标文件截止时间的同一时间公开进行
   B. 投标人少于5个的，不得开标
   C. 招标人应当按照招标文件规定的时间、地点开标
   D. 开标时招标人可以有选择地宣读投标文件
   E. 投标人对开标有异议的，应当在开标现场提出，招标人应当当场作出答复，并制作记录

68. 关于定金和定金合同的说法，正确的有（　　）。
   A. 定金合同自实际交付定金时成立
   B. 定金数额如超过主合同标的额的20%，定金合同不成立
   C. 定金数额超过主合同标的额的20%的部分，不产生定金效力
   D. 定金数额不能超过主合同标的额的30%
   E. 债务人履行债务的，定金应当抵作价款或者收回

69. 下列建设工程合同中,属于无效合同的有( )。
   A. 施工企业超越资质等级订立的合同
   B. 发包人胁迫施工企业订立的合同
   C. 没有资质的实际施工人借用有资质的建筑施工企业名义订立的合同
   D. 供应商欺诈施工单位订立的采购合同
   E. 施工企业与发包人订立的有重大误解的合同

70. 下列选项中,不属于设计单位安全责任的有( )。
   A. 确定建设工程安全作业环境及安全施工措施所需费用
   B. 对安全技术措施或专项施工方案进行审查
   C. 按照法律、法规和工程建设强制性标准进行设计
   D. 提出防范生产安全事故的指导意见
   E. 对工程设计成果负责

71. 根据《建筑施工企业安全生产许可证管理规定》,下列说法正确的有( )。
   A. 安全生产许可证的有效期为5年
   B. 未取得安全生产许可证的企业,不得从事建筑施工活动
   C. 安全生产许可证有效期满需要延期的,企业应当于期满前3个月向原安全生产许可证颁发管理机关办理延期手续
   D. 企业未发生死亡事故的,安全生产许可证有效期届满时自动延期
   E. 企业取得安全生产许可证后,不得降低安全生产条件

72. 根据《生产安全事故报告和调查处理条例》,生产安全事故调查组应当履行的职责有( )。
   A. 查明事故发生的经过、原因、人员伤亡情况及直接经济损失
   B. 认定事故的性质和事故责任
   C. 提出对事故责任者的处理建议
   D. 总结事故教训,提出防范和整改措施
   E. 批复事故调查报告

73. 根据《建设工程质量管理条例》的规定,建设单位在组织建设工程竣工验收应当具备的条件包括( )。
   A. 有施工单位签署的工程保修书
   B. 有完整的技术档案和施工管理资料
   C. 建设单位和施工企业已签署工程结算文件
   D. 完成建设工程设计和合同约定的各项内容
   E. 有勘察、设计、施工单位共同签署的质量合格文件

74. 某住宅楼工程设计合理使用年限为50年。该工程施工单位和建设单位签订了《工程质量保修书》。关于工程保修期限的条款,以下符合《建设工程质量管理条例》规定的有( )。
   A. 地基基础和主体结构工程的最低保修期限为50年

B. 屋面防水工程的最低保修期限为 5 年

C. 电气管线、给水排水管道的最低保修期限为 2 年

D. 供热与供冷系统的最低保修期限为 2 个采暖期、供冷期

E. 装饰装修工程的最低保修期限为 1 年

75. 下列产生噪声的建筑施工作业中，可以在夜间进行而不需要取得有关主管部门证明的有（　　）。

A. 抢险救灾作业

B. 因特殊需要必须连续施工作业

C. 自来水管道爆裂抢修作业

D. 由于施工单位计划向国庆献礼而抢进度的施工

E. 路面塌陷抢修作业

76. 下列关于劳动合同试用期的说法中，正确的有（　　）。

A. 劳动合同期限 3 个月以上不满 1 年的，不允许约定试用期

B. 劳动合同期限 1 年以上不满 3 年的，试用期不得超过 2 个月

C. 签订无固定期限劳动合同的，试用期不得超过 1 年

D. 同一用人单位与同一劳动者只能约定 1 次试用期

E. 如果劳动合同期限不满 3 个月，合同中不得约定试用期

77. 劳动者发生下列情形，用人单位可以随时解除劳动合同的有（　　）。

A. 在试用期间被证明不符合录用条件的

B. 不能胜任工作，经过培训或者调整工作岗位，仍不能胜任工作的

C. 严重违反用人单位规章制度的

D. 同时与其他用人单位建立劳动关系，对完成本单位的工作任务造成严重影响的

E. 因患病在规定的医疗期满后不能从事原工作，也不能从事由用人单位另行安排的工作的

78. 根据我国现行规定，对女职工的特殊保护主要包括（　　）。

A. 不得安排女职工在经期从事第二级高处作业

B. 对怀孕 7 个月以上的女职工，不得延长工作时间或者安排夜班劳动

C. 不得安排女职工从事矿山井下作业

D. 对哺乳未满 1 周岁婴儿的女职工，用人单位不得延长劳动时间或者安排夜班劳动

E. 不得安排女职工从事每小时负重 6 次以上、每次负重超过 15 公斤的作业

79. 根据《民事诉讼法》，下列案件纠纷适用专属管辖的有（　　）。

A. 政策性房屋买卖合同纠纷　　　　　B. 货物运输纠纷

C. 人身伤害纠纷　　　　　　　　　　D. 交通事故导致车辆损毁纠纷

E. 农村土地承包经营合同纠纷

80. 下列情形中，会导致诉讼时效中断，诉讼时效重新计算的有（　　）。

A. 义务人同意履行义务　　　　　　　B. 权利人向义务人提出履行请求

C. 权利人提起诉讼　　　　　　　　　D. 权利人申请仲裁

E. 发生不可抗力

# 《建设工程法规及相关知识》
# 模拟试卷（二）

（考试时间120分钟　满分100分）

微信扫码，获取配套专属增值服务

电子答题卡

- 开启考试模式
- 记录得分、正确率及排名
- 回看错题解析

一、单项选择题（共60题，每题1分。每题的备选项中，只有1个最符合题意）

1. 关于法的效力层级的说法，正确的是（　　）。
   A. 当一般规定与特别规定不一致时，优先适用一般规定
   B. 地方性法规的效力高于本级地方政府规章
   C. 特殊情况下，法律、法规可以违背宪法
   D. 行政法规的法律地位仅次于宪法

2. 下列关于用益物权的说法，正确的是（　　）。
   A. 建设用地使用权自登记时设立
   B. 地役权自登记时设立
   C. 土地承包经营权自登记时设立
   D. 居住权的设立不需要登记

3. 关于抵押的效力，下列说法正确的是（　　）。
   A. 建设用地使用权抵押后，该土地上新增的建筑物属于抵押财产
   B. 抵押人转让抵押财产的，应当及时通知抵押权人
   C. 抵押权可以与债权分离而单独转让或者作为其他债权的担保
   D. 变卖抵押物所得价款不足清偿债权数额的部分，由抵押人清偿

4. 下列关于留置的说法，正确的是（　　）。
   A. 债务人负有妥善保管留置财产的义务
   B. 留置权人与债务人可以约定留置财产后的债务履行期限
   C. 同一动产上已经设立抵押权或者质权，该动产又被留置的，抵押权人优先受偿
   D. 留置财产折价或者拍卖、变卖后，其价款超过债权数额的部分归债务人所有，不足部分由债务人清偿

5. A施工单位委托B广告公司制作了一块广告牌，并由B广告公司负责安装在施工单位外墙。某日风大，广告牌被吹落，并砸伤过路人王某。经查，广告牌的安装存在质量问题。关于王某所受的损害，下列说法正确的是（　　）。
   A. A施工单位承担赔偿责任，B广告公司承担补充赔偿责任
   B. B广告公司承担赔偿责任，A施工单位承担补充赔偿责任

C. A 施工单位承担赔偿责任，但其有权向 B 广告公司追偿

D. B 广告公司承担赔偿责任，A 施工单位不承担责任

6. 以下进项税额不得从销项税额中抵扣的是（　　）。
   A. 非正常损失的购进货物，以及相关的劳务和交通运输服务项目的进项税额
   B. 自境外单位购进无形资产，从税务机关或者扣缴义务人取得的代扣代缴税款的完税凭证上注明的增值税额
   C. 从海关取得的海关进口增值税专用缴款书上注明的增值税额
   D. 从销售方取得的增值税专用发票上注明的增值税额

7. 关于行政许可的说法，正确的是（　　）。
   A. 部门规章可以设定行政许可
   B. 地方性法规可以直接设定行政许可
   C. 必要时，国务院可以采用发布决定的方式设定行政许可
   D. 地方政府规章可以设定临时性的行政许可

8. 关于自然人、法人和非法人组织的说法，正确的是（　　）。
   A. 个体工商户不得起字号
   B. 非法人组织具有法人资格，能独立承担民事责任
   C. 在建设工程中，非法人组织不得作为建设单位、设计单位、监理单位等参与项目
   D. 法人是具有民事权利能力和民事行为能力，依法独立享有民事权利和承担民事义务的组织

9. 关于建设工程中代理的说法，正确的是（　　）。
   A. 建设工程合同诉讼只能委托律师代理
   B. 建设工程中的代理主要是法定代理
   C. 建设工程中应由本人实施的民事法律行为，不得代理
   D. 建设工程中为保护被代理人的利益，代理人可直接转委托第三人代理

10. 下列关于代理的说法，正确的是（　　）。
    A. 行为人没有代理权仍然实施代理行为，应当认定为无效
    B. 表见代理属于无权代理，其效力待定
    C. 无权代理可能是由超越代理权导致的
    D. 相对人知道或者应当知道行为人无权代理的，相对人和行为人应当承担连带责任

11. 关于施工企业的资质的说法，正确的是（　　）。
    A. 施工资质分为工程总承包资质、专业承包资质和专业作业资质
    B. 施工总承包甲级资质由审批制改为备案制
    C. 企业资质全国通用，各行业可以根据实际需要设置限制性措施
    D. 国务院住房城乡建设主管部门负责全国建筑业企业资质的统一监督管理

12. 关于建筑业企业资质证书延续和变更的说法，正确的是（　　）。
    A. 企业跨地区参加招标投标活动，应当提供建筑业企业资质证书原件
    B. 建筑业企业资质证书有效期为 3 年
    C. 企业在建筑业企业资质证书有效期内注册资本发生变更的，不必办理资质证书变更手续

D. 企业发生合并需承继原建筑业企业资质的,应当申请重新核定建筑业企业资质等级

13. 根据《注册建造师管理规定》,申请人申请注册的下列情形中,予以注册的是（　　）。
    A. 因执业活动受到刑事处罚,自处罚决定之日起至申请注册之日止已满5年的
    B. 不具有完全民事行为能力的
    C. 年龄60周岁的
    D. 在申请注册之日前3年内担任项目经理期间,所负责项目发生过重大质量和安全事故的

14. 二级建造师王某担任施工项目负责人期间发生的下列情形中,应当在办理书面交接手续后更换施工项目负责人的是（　　）。
    A. 承包人同意更换项目负责人的
    B. 发包人与注册建造师受聘企业已经解除承包合同的
    C. 发生不可抗力导致停工的
    D. 王某受聘企业同意更换项目负责人的

15. 关于建筑市场诚信行为公布的说法,正确的是（　　）。
    A. 基本信息、优良信用信息公开期限一般为3年
    B. 不良信用信息公开期限一般为6个月至3年,并不得低于相关行政处罚期限
    C. 省级建设行政主管部门负责审查整改结果,对整改确有实效的企业,可取消公布其不良行为
    D. 各省、自治区、直辖市建设行政主管部门将确认的不良行为记录在当地发布之日起3日内报建设部

16. 下列保证金中,不可以要求建筑业企业在工程建设中缴纳的是（　　）。
    A. 投标保证金　　　　　　　　B. 履约保证金
    C. 农民工工资保证金　　　　　D. 开工保证金

17. 在乡、村庄规划区内进行乡镇企业、乡村公共设施和公益事业建设的,核发乡村建设规划许可证的单位是（　　）。
    A. 乡、镇人民政府
    B. 城市、县人民政府
    C. 城市、县人民政府城乡规划主管部门
    D. 省、自治区、直辖市人民政府确定的镇人民政府

18. 关于申请领取施工许可证条件的说法,正确的是（　　）。
    A. 依法应当办理建设工程规划许可证的,已经取得建设工程规划许可证
    B. 施工场地征收工作已经完成
    C. 已经确定委托监理单位
    D. 依法参加工伤保险,并依法为施工现场从事危险作业的人员办理意外伤害保险,为从业人员交纳保险费

19. 下列关于建设工程共同承包的说法,正确的是（　　）。
    A. 共同承包最多只能由两个单位临时组成联合体
    B. 大型建筑工程或者结构复杂的建筑工程,必须由两个以上的承包单位联合共同承包

C. 两个以上不同资质等级的单位实行联合共同承包的，应当按照资质等级高的单位的业务许可范围承揽工程

D. 联合体中标的，联合体各方应当共同与招标人签订合同，就中标项目向招标人承担连带责任

20. 关于招标文件的说法，正确的是（    ）。

   A. 招标文件一经发出，不得进行修改
   B. 招标文件澄清或修改的内容为招标文件的组成部分
   C. 对招标文件的澄清，可以以口头形式通知所有获取招标文件的潜在投标人
   D. 招标人应当在招标文件中载明投标有效期，投标有效期自招标文件发出之日起计算

21. 下列情形中，属于招标人以不合理条件限制、排斥潜在投标人或者投标人的是（    ）。

   A. 就同一招标项目向潜在投标人或者投标人提供无差别的项目信息
   B. 依法必须进行招标的项目以特定行业的业绩作为加分条件
   C. 设定的资格、技术、商务条件与招标项目的具体特点和实际需要相适应
   D. 依法必须进行招标的项目限定潜在投标人或者投标人的组织形式

22. 关于投标的说法，正确的是（    ）。

   A. 存在控股、管理关系的不同单位，可以参加未划分标段的同一招标项目的投标
   B. 投标人参加依法必须进行招标的项目的投标，应当受地区或者部门的限制
   C. 单位负责人为同一人的不同单位，不得参加同一标段投标
   D. 与招标人存在利害关系可能影响招标公正性的法人参加投标的，其投标无效

23. 下列情形中，属于投标人弄虚作假骗取中标的是（    ）。

   A. 使用伪造、变造的许可证件
   B. 招标人间接向投标人泄露标底
   C. 投标人之间约定部分投标人放弃投标
   D. 不同投标人的投标保证金从同一单位或者个人的账户转出

24. 下列关于初步评审的说法，正确的是（    ）。

   A. 总价金额与单价金额不一致的，以总价金额为准
   B. 招标文件对汇率标准和汇率风险未作规定的，汇率风险由招标人承担
   C. 评标委员会可以书面方式要求投标人对投标文件中含义不明确的内容作必要的澄清，但是澄清不得超出投标文件的范围
   D. 细微偏差应当作否决投标处理

25. 关于中标的表述中，错误的是（    ）。

   A. 招标人不得授权评标委员会直接确定中标人
   B. 中标人确定后，招标人应当向中标人发出中标通知书
   C. 中标通知书对招标人和中标人具有法律约束力
   D. 中标通知书发出后，招标人改变中标结果或者中标人放弃中标的，应当承担法律责任

26. 关于招标投标活动的投诉与处理，下列说法中，正确的是（    ）。

   A. 投标人认为招标投标活动违法，可以自知道之日起15日内投诉

B. 投标人对评标结果有异议的，应依法先向招标人提出
C. 行政监管部门收到投诉后应在30个工作日内决定是否受理
D. 行政监管部门处理投诉，不得责令暂停招标投标活动

27. 下列关于合同形式的说法，正确的是（　　）。
   A. 书面形式合同是指纸质合同
   B. 可以随时调取查用的电子邮件视为书面形式
   C. 当事人订立合同，应当采用书面形式
   D. 电报、电传虽然可以有形地表现所载内容，但不属于书面形式

28. 在下列情形中，不构成缔约过失责任的是（　　）。
   A. 假借订立合同，恶意进行磋商
   B. 故意隐瞒与订立合同有关的重要事实
   C. 订立合同时提供虚假情况
   D. 当事人在履行合同中没有全面地履行合同的内容

29. 下列合同中，属于无效合同的是（　　）。
   A. 限制民事行为能力人订立的合同
   B. 行为人与相对人以真实的意思表示订立的合同
   C. 行为人与相对人恶意串通，损害他人合法权益订立的合同
   D. 一方以欺诈手段，使对方在违背真实意思的情况下订立的合同

30. 下列关于效力待定合同的说法，正确的是（　　）。
   A. 限制民事行为能力人实施的纯获利益的民事法律行为效力待定
   B. 善意相对人对合同有追认权
   C. 撤销应当向人民法院或仲裁机构申请
   D. 相对人可以催告法定代理人自收到通知之日起30日内予以追认

31. 后履行合同义务的一方当事人出现（　　）情形时，先履行合同义务的当事人不得以此主张不安抗辩权。
   A. 经营状况严重恶化　　　　　　　B. 丧失商业信誉
   C. 企业负有巨额债务　　　　　　　D. 转移资产以逃避债务

32. 下列关于违约责任的表述，正确的是（　　）。
   A. 违约责任的产生以合同当事人不履行或者不适当履行合同义务为前提
   B. 违约责任具有绝对性
   C. 违约责任主要具有惩罚性
   D. 违约责任由合同当事人约定，不受法律约束

33. 某钢筋买卖合同金额为40万元，双方当事人在合同中约定，违约金为12万元，合同订立后买方向卖方支付了10万元的定金。后在合同履行中，卖方违约，则买方最多可以从卖方处索回（　　）万元。
   A. 20　　　　　　　　　　　　　　B. 14
   C. 18　　　　　　　　　　　　　　D. 22

34. 下列建设工程施工合同中,应当被认定为无效的是(    )。
    A. 某建设工程项目,招标人和中标人在中标合同之外就明显高于市场价格购买承建房产,变相降低工程价款,一方当事人以该合同背离中标合同实质性内容为由请求确认无效的
    B. 某建设工程项目,发包人未取得建设工程规划许可证与承包人订立的合同,但发包人在起诉前取得了建设工程规划许可证
    C. 某建设工程项目,承包人超越资质等级许可的业务范围签订建设工程施工合同,在建设工程竣工前取得相应资质等级
    D. 某建设工程项目,具有劳务作业法定资质的承包人与分包人签订的劳务分包合同

35. 下列关于开工日期的说法,正确的是(    )。
    A. 开工日期为发包人或者监理人发出的开工通知载明的开工日期
    B. 开工通知发出后,尚不具备开工条件的,以开工通知载明的日期为开工日期
    C. 因承包人原因导致开工时间推迟的,以开工条件具备的日期为开工日期
    D. 承包人经发包人同意已经实际进场施工的,以开工通知载明的日期为开工日期

36. 下列情形中,发包人应当承担过错责任的是(    )。
    A. 直接指定分包人分包专业工程造成建筑工程质量缺陷的
    B. 拖欠工程款影响工期的
    C. 同意总承包人选择分包人分包专业工程的
    D. 发包人未组织竣工验收擅自使用工程,主体结构出现质量缺陷的

37. 关于建设工程款结算的说法,正确的是(    )。
    A. 当事人签订的建设工程施工合同与招标文件、投标文件、中标通知书不一致,应当将当事人签订的建设工程施工合同作为结算建设工程价款的依据
    B. 承包人能够证明发包人同意其施工,但未能提供签证文件证明工程量发生的,当事人请求按照提供的其他证据确认实际发生的工程量,人民法院不予支持
    C. 当事人就同一建设工程订立的数份建设工程施工合同均无效,但建设工程质量合格,一方当事人请求参照实际履行的合同关于工程价款的约定折价补偿承包人的,人民法院应予支持
    D. 当事人约定,发包人收到竣工结算文件后,在约定期限内不予答复,视为拒绝竣工结算文件的约定

38. 根据《建筑工程施工发包与承包计价管理办法》,对紧急抢险、救灾以及施工技术特别复杂的建筑工程,发承包双方可以采用的计价方式是(    )。
    A. 总价方式          B. 定额方式
    C. 单价方式          D. 成本加酬金方式

39. 根据《民法典》,关于合同法定解除的说法,正确的是(    )。
    A. 发生不可抗力,即可解除合同
    B. 以持续履行的债务为内容的不定期合同,当事人不得随时解除合同
    C. 当事人一方迟延履行主要债务,即可解除合同

D. 在履行期限届满前，当事人一方明确表示不履行主要债务，即可解除合同

40. 除当事人另有约定外，出卖人出卖交由承运人运输的在途标的物毁损、灭失的风险自（　　）起由买受人承担。
   A. 合同生效时
   B. 合同成立时
   C. 标的物交付时
   D. 运输行为完成时

41. 关于借款合同，下列说法正确的是（　　）。
   A. 自然人之间的借款合同应当采用书面形式
   B. 借款的利息可以预先从本金中扣除
   C. 自然人之间的借款合同，自贷款人提供借款时成立
   D. 借款人未按照约定的借款用途使用借款的，贷款人可以停止发放借款，但不得解除合同

42. 根据《民法典》规定，关于保证责任的说法，正确的是（　　）。
   A. 债务人下落不明，且无财产可供执行时，债权人可以要求一般保证人在其保证范围内承担保证责任
   B. 人民法院已经受理债务人破产案件时，一般保证人有权拒绝向债权人承担保证责任
   C. 债权人有证据证明债务人的财产不足以履行全部债务或者丧失履行债务能力时，一般保证人有权拒绝向债权人承担保证责任
   D. 当事人在保证合同中对保证方式没有约定或者约定不明确的，按照连带保证承担保证责任

43. 关于建设单位安全责任的说法，正确的是（　　）。
   A. 需要进行爆破作业的，建设单位应当办理备案手续
   B. 建设单位应当委托勘察单位向施工企业提供与施工现场相关的地下管线资料
   C. 建设单位在编制工程概算时，应当确定建设工程安全作业环境及安全施工措施所需费用
   D. 涉及承重结构变动的装修工程，其设计方案应当办理批准手续

44. 下列安全生产条件中，属于建筑施工企业取得安全生产许可证应当具备的条件的是（　　）。
   A. 有职业危害应急救援预案，并配备必要的应急救援器材和设备
   B. 主要负责人、项目负责人和专职的安全管理人员每年至少进行2次安全生产教育培训并考核合格
   C. 特种作业人员经有关业务主管部门考核合格，取得特种作业操作资格证书
   D. 设置安全生产管理机构，配备兼职安全生产管理人员

45. 关于施工企业主要负责人的职责的说法，正确的是（　　）。
   A. 建立健全并落实本单位全员安全生产责任制，加强安全生产标准化建设
   B. 宣传和贯彻国家有关安全生产法律法规和标准
   C. 对于发现的重大安全隐患，有权向企业安全生产管理机构报告
   D. 确保安全生产费用的有效使用

46. 关于危大工程专项施工方案的实施，下列说法正确的是（　　）。
   A. 危大工程专项施工方案的实施前，编制人员或者项目技术负责人应当向施工现场管

理人员进行方案交底

B. 施工现场管理人员应当向作业人员进行安全技术交底，并由双方共同签字确认

C. 项目专职安全生产管理人员对未按照专项施工方案施工的，可以要求立即整改，并及时报告项目负责人

D. 对于按照规定需要进行第三方监测的危大工程，建设单位应当委托具有相应资质的检验检测机构进行监测

47. 下列关于建设工程施工企业安全生产费用计提的说法，正确的是（    ）。
    A. 房屋建筑工程与市政公用工程提取标准相同
    B. 施工企业以建筑安装工程造价为计提依据
    C. 施工企业不得提高安全费用提取标准
    D. 总承包单位和分包单位应当分别提取安全费用

48. 关于施工生产安全事故应急救援预案的说法，正确的是（    ）。
    A. 实行施工总承包的，工程总承包单位和分包单位共同编制生产安全事故应急救援预案
    B. 实行施工总承包的，由总承包单位统一建立应急救援组织或者配备应急救援人员，配备救援器材、设备，并定期组织演练
    C. 对于危险物品的生产单位，应当至少每年组织1次生产安全事故应急救援预案演练
    D. 应急救援队伍根据救援命令参加生产安全事故应急救援所耗费用，由事故责任单位承担；事故责任单位无力承担的，由有关人民政府协调解决

49. 发生重大事故、较大事故、一般事故的，负责调查的人民政府应当自收到事故调查报告之日起（    ）日内做出批复。
    A. 15                              B. 30
    C. 45                              D. 60

50. 根据《实施工程建设强制性标准监督规定》，对工程建设规划阶段执行强制性标准的情况实施监督的机构是（    ）。
    A. 建设项目规划审查机构              B. 施工图设计文件审查单位
    C. 建筑安全监督管理机构              D. 工程质量监督机构

51. 下列人群中，属于无障碍设施主要服务对象的是（    ）。
    A. 儿童                            B. 老年人
    C. 妇女                            D. 运动员

52. 根据《建设工程监理范围和规模标准规定》，必须实施监理的工程是（    ）。
    A. 石油项目                         B. 公路项目
    C. 防洪项目                         D. 学校项目

53. 下列关于工程质量检测机构的说法，错误的是（    ）。
    A. 委托方应当委托具有相应资质的检测机构开展建设工程质量检测业务
    B. 检测机构应当单独建立检测结果不合格项目台账
    C. 检测报告经检测人员签字、检测机构法定代表人或者其授权的签字人签署，并加盖

检测机构公章或者检测专用章后方可生效

D. 检测人员不得同时受聘于两家或者两家以上检测机构

54. 关于建设工程项目实行总承包管理的归档的说法，错误的是（　　）。
   A. 总包单位应负责收集、汇总各分包单位形成的工程档案，并应及时向建设单位移交
   B. 各分包单位应将本单位形成的工程文件整理、立卷后及时移交总包单位
   C. 建设单位应当在工程竣工验收后3个月内，向城建档案馆报送一套符合规定的建设工程档案
   D. 总包单位、各分包单位各自形成工程档案，并应及时向建设单位移交

55. 关于缺陷责任期内缺陷责任承担的说法，正确的是（　　）。
   A. 由承包人原因造成的缺陷，承包人负责维修并承担维修费用，但不承担鉴定费用
   B. 由承包人原因造成的缺陷，承包人维修并承担相应费用后，免除对工程的一般损失赔偿责任
   C. 由承包人原因造成的缺陷，如承包人不维修也不承担费用，则承包人应承担违约责任
   D. 由他人原因造成的缺陷，由发包人负责组织维修并承担相应费用

56. 根据《工伤保险条例》，职工因工作遭受事故伤害或者患职业病，需要暂停工作接受工伤治疗的，停工留薪期一般不超过（　　）个月。
   A. 12　　　　　　　　　　　　　　B. 10
   C. 8　　　　　　　　　　　　　　 D. 6

57. 关于和解的说法，正确的是（　　）。
   A. 仲裁案件当事人可以在仲裁中达成和解
   B. 当事人达成和解协议的，不可以撤回仲裁申请
   C. 在诉讼阶段不能进行和解
   D. 诉讼执行中，双方当事人可以自行和解达成协议，如一方当事人不履行和解协议的，另一方当事人应当重新提起诉讼

58. 甲、乙双方的合同纠纷于2022年8月7日开庭仲裁。9月4日，经仲裁庭调解，双方达成了调解协议；10月4日，仲裁庭根据调解协议制作了调解书；10月6日，调解书交由双方签收。根据《仲裁法》有关规定，下列说法正确的是（　　）。
   A. 该调解书与仲裁裁决书具有同等法律效力
   B. 该调解书自2022年10月4日产生法律效力
   C. 若当事人签收调解书，则申请人应撤回仲裁申请
   D. 若当事人签收调解书后反悔，仲裁庭应当及时作出裁决

59. 关于证据，下列说法正确的是（　　）。
   A. 证据应当在法庭上出示
   B. 书证只能提交原件
   C. 16岁以下的未成年人不得作为证人
   D. 不能正确表达意思的人，可在近亲属陪同下作证

60. 施工企业对H市甲县环保局作出的罚款行为不服，可以向（　　）提起行政复议。
   A. H市人民政府	B. 甲县环保局
   C. 甲县人大常委会	D. 甲县人民政府

二、多项选择题（共20题，每题2分。每题的备选项中，有2个或2个以上符合题意，至少有1个错项。错选，本题不得分；少选，所选的每个选项得0.5分）

61. 法的形式的含义包括（　　）。
   A. 法律规范创制机关的职责	B. 法律规范的内在逻辑
   C. 法律规范的历史沿革	D. 法律规范的效力等级
   E. 法律规范的地域效力

62. 关于不动产物权设立的说法，正确的有（　　）。
   A. 不动产物权变动未经登记，不影响当事人之间订立的消灭不动产物权合同的效力
   B. 依法属于国家所有的自然资源，所有权可以不登记
   C. 不动产物权登记由不动产所在地的登记机构办理
   D. 不动产物权的设立属于自愿登记
   E. 不动产物权自合同成立时设立

63. 下列关于商标权的说法，正确的有（　　）。
   A. 经商标局核准注册的商标为注册商标，包括商品商标、服务商标和集体商标、证明商标
   B. 商标专用权的内容只包括财产权
   C. 注册商标的有效期为10年，自核准注册之日起计算
   D. 商标专用权包括使用权和禁止权两个方面
   E. 商标设计者的人身权由专利权法保护

64. 行政法规可以设定的行政强制措施包括（　　）。
   A. 查封场所、设施或者财物	B. 限制公民人身自由
   C. 冻结存款、汇款	D. 依法处理查封、扣押的场所
   E. 扣押财物

65. 被判处管制、拘役、有期徒刑、无期徒刑的犯罪分子，在执行期间，下列重大立功表现中，应当减刑的有（　　）。
   A. 阻止他人重大犯罪活动的
   B. 检举监狱内外重大犯罪活动，经查证属实的
   C. 在抗御自然灾害或者排除重大事故中，有突出表现的
   D. 在日常生产、生活中舍己救人的
   E. 有悔罪表现的

66. 下列建设项目中，必须进行招标的有（　　）。
   A. 施工单项合同估算价为8 000万元的某企业厂房项目
   B. 施工单项合同估算价为3 000万元的某公路建设施工项目
   C. 监理单项合同估算价为50万元的某房屋建筑项目

D. 与某防洪项目有关的 100 万元的重要设备采购项目

E. 设计单项合同估算价为 200 万元的某医疗建设项目

67. 框架协议订立的一般程序有（　　）。
    A. 制定采购需求
    B. 确定最高限制单价
    C. 确定框架协议期限
    D. 选定框架协议的评审办法
    E. 确定框架协议采购的合同授予

68. 下列建筑施工企业作业人员中，属于特种作业人员的有（　　）。
    A. 安全员
    B. 起重机械拆卸工
    C. 高处吊篮安装工
    D. 建筑拆除工
    E. 建筑起重信号司索工

69. 关于受国家保护的文物范围的说法，正确的有（　　）。
    A. 古人类化石属于受国家保护的文物
    B. 石刻、壁画受国家保护
    C. 具有科学价值的古脊椎动物化石同文物一样受国家保护
    D. 反映历史上某时代社会生产的艺术品受国家保护
    E. 历史上各时代珍贵的工艺美术品属于受国家保护的文物

70. 下列关于劳动合同的履行和变更的说法，正确的有（　　）。
    A. 用人单位应当严格执行劳动定额标准，不得强迫或者变相强迫劳动者加班
    B. 用人单位变更名称的，须与劳动者重新签订劳动合同
    C. 用人单位发生合并或者分立，须与劳动者重新签订劳动合同
    D. 用人单位拖欠或者未足额支付劳动报酬的，劳动者可以依法向当地人民法院申请支付令，人民法院应当依法发出支付令
    E. 履行劳动合同要遵循全面履行原则、亲自履行原则和禁止强迫劳动原则

71. 下列关于劳务派遣的说法，正确的有（　　）。
    A. 用工单位应当与劳动者签订劳动合同
    B. 劳务派遣单位应当执行国家劳动标准，提供相应的劳动条件和劳动保护
    C. 劳务派遣只能在临时性、辅助性或者替代性的工作岗位上实施
    D. 用工单位可以将被派遣的劳动者再派遣到其他用工单位
    E. 被派遣劳动者在用工单位因工作遭受事故伤害的，由劳务派遣单位申请工伤认定

72. 关于农民工工资支付的说法，正确的有（　　）。
    A. 建设单位应当按照有关规定开设农民工工资专用账户
    B. 工资保证金按工程施工合同额（或年度合同额）的一定比例存储，原则上不低于 2%
    C. 施工合同额低于 300 万元的工程，免除该工程存储工资保证金
    D. 除法律规定外，工资保证金不得因支付为本工程提供劳动的农民工工资之外的原因被查封、冻结或者划拨
    E. 农民工工资卡实行一人一卡、本人持卡，用人单位或者其他人员不得以任何理由扣押或者变相扣押

73. 下列关于未成年工劳动特殊保护的说法,正确的有( )。
    A. 未成年工是指年满16周岁未满18周岁的劳动者
    B. 不得安排未成年工从事矿山井下、有毒有害的劳动
    C. 可以安排未成年工从事夜班工作
    D. 不得安排未成年工从事国家规定的第四级体力劳动强度的劳动
    E. 用人单位应当对未成年工不定期进行健康检查

74. 下列纠纷中,属于劳动争议范围的有( )。
    A. 劳动者请求社会保险经办机构发放社会保险金的纠纷
    B. 劳动者与用人单位在履行劳动合同过程中发生的纠纷
    C. 劳动者与用人单位因住房制度改革产生的公有住房转让纠纷
    D. 劳动者与用人单位解除劳动关系后,请求用人单位返还保证金发生的纠纷
    E. 劳动者退休后,与尚未参加社会保险统筹的原用人单位因追索养老金、医疗费、工伤保险待遇和其他社会保险待遇而发生的纠纷

75. 关于仲裁协议效力确认的说法,正确的有( )。
    A. 当事人对仲裁协议的效力有异议的,可以请求仲裁委员会作出决定
    B. 当事人对仲裁协议的效力有异议的,可以请求人民法院作出裁定
    C. 一方请求仲裁委员会作出决定,另一方请求人民法院作出裁定的,由仲裁委员会裁定
    D. 当事人对仲裁协议的效力有异议,应当在仲裁庭答辩时提出
    E. 当事人向人民法院申请确认仲裁协议效力的案件,应当由仲裁协议签订地的中级人民法院管辖

76. 工程建设双方发生争议,申请仲裁应具备的条件有( )。
    A. 有仲裁协议                B. 有具体的仲裁请求和事实理由
    C. 属于仲裁委员会的受理范围    D. 选定的仲裁委员会
    E. 有准确的被申请人

77. 下列关于仲裁开庭的说法,正确的有( )。
    A. 被申请人经书面通知,无正当理由不到庭或者未经仲裁庭许可中途退庭的,可以缺席裁决
    B. 当事人应当对自己的主张提供证据
    C. 证据应当在开庭时出示,当事人可以质证
    D. 仲裁庭不能自行收集证据
    E. 当事人申请证据保全的,仲裁委员会应当将当事人的申请提交证据所在地的中级人民法院

78. 无独立请求权的第三人,其诉讼权利包括( )。
    A. 申请提起诉讼              B. 申请参加诉讼
    C. 提起反诉                  D. 由人民法院通知参加诉讼
    E. 申请提起公益诉讼

79. 下列关于民事诉讼期间的说法，正确的有（　　）。
    A. 对一审裁定不服的上诉期是 10 日
    B. 对一审判决不服的上诉期是 15 日
    C. 人民法院适用简易程序审理案件，应当在立案之日起 3 个月内审结；有特殊情况需要延长的，经本院院长批准，可以延长 1 个月
    D. 再审应当在判决、裁定发生法律效力之日起 1 年内提出
    E. 上诉状应当通过原审人民法院提出，并按照对方当事人或者代表人的人数提出副本

80. 下列情形中，属于我国法律规定的行政诉讼受案范围的有（　　）。
    A. 对征收、征用决定及其补偿决定不服的
    B. 认为行政机关滥用行政权力排除或者限制竞争的
    C. 驳回当事人对行政行为提起申诉的重复处理行为
    D. 认为行政机关违法集资、摊派费用或者违法要求履行其他义务的
    E. 对公民、法人或者其他组织权利义务不产生实际影响的行为

# 《建设工程法规及相关知识》
# 模拟试卷（三）

（考试时间 120 分钟　满分 100 分）

微信扫码，获取配套专属增值服务

电子答题卡

- 开启考试模式
- 记录得分、正确率及排名
- 回看错题解析

一、单项选择题（共 60 题，每题 1 分。每题的备选项中，只有 1 个最符合题意）

1. 根据我国法律体系，法律效力从高到低排列的是（　　）。
   A.《北京市建设工程房屋拆迁管理办法》《建设工程安全管理条例》《建筑法》《宪法》
   B.《宪法》《建筑法》《建设工程安全管理条例》《北京市建设工程房屋拆迁管理办法》
   C.《宪法》《建设工程安全管理条例》《建筑法》《北京市建设工程房屋拆迁管理办法》
   D.《建筑法》《宪法》《建设工程安全管理条例》《北京市建设工程房屋拆迁管理办法》

2. 甲将一栋房产以 15 万元卖给乙，乙付清全款后甲将该房产交付给乙，但未办理过户手续。丙知道此交易后，向甲表示愿以 18 万元购买，甲当即答应并与丙办理了过户手续。关于该房屋的归属，下列说法正确的是（　　）。
   A. 归乙所有，丙的损失可要求甲赔偿
   B. 归乙所有，丙的损失可要求乙赔偿
   C. 归丙所有，乙的损失可要求丙赔偿
   D. 归丙所有，乙的损失可要求甲赔偿

3. 关于所有权的说法，正确的是（　　）。
   A. 财产所有权的权能包括占有权、使用权、收益权、处分权
   B. 收益因使用而产生，因此要享有收益权必享有使用权
   C. 占有权只能由所有人享有
   D. 占有权是所有人最基本的权利，是所有权内容的核心

4. 根据《民法典》，下列关于担保物权的说法，正确的是（　　）。
   A. 担保物权包括抵押权、质权、留置权
   B. 主债权债务合同无效，则担保合同一定有效
   C. 担保合同无效时，债务人、担保人、债权人均不承担民事责任
   D. 反担保的设立不受《民法典》和其他法律的规定

5. 关于抵押权的说法，正确的是（　　）。
   A. 以生产设备抵押的，抵押权自登记时设立

B. 抵押权可以与债权分离而单独转让
C. 同一财产向两个以上债权人抵押的，已经登记的，按照债权比例清偿
D. 同一财产向两个以上债权人抵押的，抵押权已经登记的先于未登记的受偿

6. 根据《专利法》，授予外观设计专利权的特有条件是（　　）和适于工业应用。
   A. 新颖性　　　　　　　　　　　　B. 创造性
   C. 实用性　　　　　　　　　　　　D. 富有美感

7. 下列关于损害赔偿的说法，正确的是（　　）。
   A. 侵害他人造成他人死亡的，只需要支付死亡赔偿金
   B. 被侵权人死亡的，其朋友有权请求侵权人承担侵权责任
   C. 被侵权人为组织，该组织分立、合并的，承继权利的组织不得请求侵权人承担侵权责任
   D. 因同一侵权行为造成多人死亡的，可以以相同数额确定死亡赔偿金

8. 下列行政处罚中只能由法律设定的是（　　）。
   A. 罚款　　　　　　　　　　　　　B. 限制人身自由
   C. 没收违法所得　　　　　　　　　D. 吊销营业执照

9. 下列各项中，属于附加刑的是（　　）。
   A. 管制　　　　　　　　　　　　　B. 罚金
   C. 没收财产　　　　　　　　　　　D. 代履行

10. 下列关于法人和项目经理部的表述中，正确的是（　　）。
    A. 项目经理部不是法人，只是法人的分支机构
    B. 法人能独立承担民事责任，而非法人组织不能独立承担民事责任
    C. 企业法人自工商行政管理机关核准登记之日成立
    D. 国家机关、村委会、居委会都是非营利法人

11. 关于代理的说法，正确的是（　　）。
    A. 转托他人代理，第三人由被代理人选定
    B. 无权代理是超越代理权所导致的
    C. 委托代理事项违法的，由被代理人承担责任
    D. 表见代理的被代理人承担责任后，可进行追偿

12. 根据《建筑业企业资质管理规定》，建筑业企业资质证书有效期满未申请延续的，其资质证书将被（　　）。
    A. 撤回　　　　B. 撤销　　　　C. 注销　　　　D. 吊销

13. 关于建造师注册与受聘的说法，正确的是（　　）。
    A. 逾期申请初始注册的，需要重新考取资格证书
    B. 在注册有效期内，注册建造师变更注册后仍延续原注册有效期
    C. 注册证书和执业印章由聘用单位保管、使用
    D. 注册建造师变更聘用企业的，应当通过原聘用企业申请办理变更手续

14. 关于注册建造师的基本权利和义务，下列说法正确的是（　　）。
    A. 保管和使用本人的注册证书、执业印章是注册建造师的基本义务

B. 分包工程施工管理文件上必须由总包项目负责人的注册建造师签章

C. 修改注册建造师签字盖章的工程施工管理文件，应当征得建设单位同意，由注册建造师本人进行修改

D. 与当事人有利害关系的，应当主动回避是注册建造师的基本义务

15. 根据《建筑市场信用管理暂行办法》，建筑市场各方主体的下列情形中，应当列入建筑市场主体"黑名单"的是（　　）。

    A. 发生转包的

    B. 发生较大工程质量安全事故，受到行政处罚的

    C. 经法院判决或者仲裁机构裁决，认定为拖欠工程款的

    D. 利用虚假材料、以欺骗手段取得企业资质的

16. 关于施工企业不良行为的说法，正确的是（　　）。

    A. 允许其他单位或个人以本单位名义承揽工程的，属于承揽业务不良行为

    B. 委托不具有相应资质的单位承担施工现场安装、拆卸自升式架设设施的，属于资质不良行为

    C. 未按照节能设计进行施工的，属于承揽业务不良行为

    D. 相互串通投标的，属于承揽业务不良行为

17. 优化营商环境专项整治工作重点针对的问题是（　　）。

    A. 评标专家对不同所有制投标人打分畸高或畸低

    B. 限定潜在投标人或者投标人的所有制形式或者组织形式

    C. 将业绩、奖项作为投标条件

    D. 限定投标保证金、履约保证金只能以现金形式提交

18. 建设单位应当在竣工验收后（　　）个月内向城乡规划主管部门报送有关竣工验收资料。

    A. 1　　　　　　B. 3　　　　　　C. 6　　　　　　D. 9

19. 根据《建筑法》，关于施工许可证期限的说法，正确的是（　　）。

    A. 应当自领取施工许可证之日起 2 个月内开工

    B. 既不开工又不申请延期或者超过延期时限的，施工许可证自行废止

    C. 可以延期，但只能延期 1 次

    D. 延期以 2 次为限，每次不超过 2 个月

20. 关于招标文件的说法，正确的是（　　）。

    A. 招标文件的要求不得高于法律规定

    B. 潜在投标人对招标文件有异议的，招标人作出答复前，招标投标活动继续进行

    C. 招标文件中载明的投标有效期从提交投标资格预审申请文件之日起算

    D. 招标人不得规定最低投标限价

21. 根据《招标投标法实施条例》，下列情形可视为投标人相互串通投标的是（　　）。

    A. 投标人之间协商投标报价

    B. 不同投标人委托同一单位办理投标事宜

C. 不同投标人的投标保证金从同一金融机构转出

D. 投标人之间约定中标人

22. 某招标项目，投标有效期为2024年5月15日，招标人在确定中标人以后，于2024年5月3日向中标人寄出中标通知书。但是招标人后来想更换中标人，在2024年5月10日又寄出招标人改变中标结果的通知。则下列说法正确的是（　　）。

A. 招标人有权改变中标结果，并不需要为此承担任何法律责任

B. 中标结果只需要通知中标人

C. 招标人应当为擅自改变中标结果承担法律责任

D. 招标人在投标有效期前发出通知，因此不需要承担任何责任

23. 某建设工程开标过程中发生以下事件：①在招标文件确定的提交投标文件截止时间的同一时间公开进行；②由建设行政主管部门主持开标；③由投标人委托的公证机构检查投标文件的密封情况；④有公证机构在场，因此未记录开标过程；⑤招标人仅宣读各投标单位的名称及报价；⑥对开标过程存在异议的，为保证开标程序的流畅，在次日提出，招标人次日给予回复。上述行为中不符合《招标投标法》规定的有（　　）种。

A. 2                        B. 3

C. 4                        D. 5

24. 关于对依法必须进行招标的项目的评标结果有异议的说法，正确的是（　　）。

A. 只有投标人有权利对项目的评标结果提出异议

B. 对依法必须进行招标的项目的评标结果有异议，应当在中标候选人公示期间提出

C. 招标人对评标结果的异议作出答复前，招标投标活动继续进行

D. 招标人应当自收到异议之日起7日内作出答复

25. 根据《政府采购法实施条例》，政府采购工程依法不进行招标的，可以采用的采购方式是（　　）。

A. 询价                    B. 单一来源采购

C. 直接确定                D. 框架协议

26. 乙公司向甲公司发出要约，随后又发出一份"要约作废"的函件，与要约同时到达。甲公司的董事长助理收到乙公司"要约作废"的函件后，忘了交给董事长。第三日，甲公司董事长发函给乙公司，提出只要将交货日期推迟两个星期，其他条件都可接受。后甲、乙公司未能签订合同，则合同没能签订的原因是（　　）。

A. 要约已被撤回            B. 要约已被撤销

C. 甲公司对要约作了实质性改变    D. 甲公司承诺超过了有效期

27. 甲、乙双方于2022年8月10日签订一份施工合同。2022年8月20日，乙方发现甲方隐瞒了施工现场周边真实地质条件，如果按合同施工，将增加近30%的施工费用，遂与甲方协商但遭到拒绝。根据我国《民法典》的规定，乙公司若要行使其撤销权，必须在（　　）之前向人民法院或仲裁机构申请。

A. 2022年8月10日          B. 2022年8月20日

C. 2023年8月10日          D. 2023年8月20日

28. 甲公司与乙水泥厂签订一份水泥买卖合同，约定付款后提货。甲公司提货时称本公司出纳员突发急病，支票一时拿不出来，要求先提货，过两天再支付货款，乙水泥厂拒绝了甲公司的要求。乙水泥厂行使的这种权利在法律上称为（　　）。
   A. 先履行抗辩权  B. 后履行抗辩权
   C. 同时履行抗辩权  D. 不安抗辩权

29. 一方当事人的违约行为导致工程受到 5 万元的损失时，对方及时地采取了减损措施，支出的费用为 1 万元，最终工程实际损失为 7 万元。依据《民法典》的规定，违约方应承担的赔偿额为（　　）万元。
   A. 5  B. 6
   C. 7  D. 8

30. 关于无效的民事法律行为的说法，正确的是（　　）。
   A. 民事法律行为自被确认无效之日起无效
   B. 民事法律行为部分无效，不影响其他部分效力的，其他部分仍然有效
   C. 合同无效的，合同中解决争议条款的效力也随之无效
   D. 当事人可以通过追认使其生效

31. 关于施工合同解除后法律后果的说法，正确的是（　　）。
   A. 施工合同解除后，已经完成的建设工程质量不合格，经修复后质量合格的，发包人应当按照约定向承包人支付相应的工程价款，修复费用由发包人承担
   B. 施工合同解除后，已经完成的建设工程质量不合格，经修复后质量仍不合格的，承包人请求支付工程价款的，发包人应当视情况支付工程价款
   C. 施工合同解除后，合同双方权利义务不再履行，已经完成的建设工程质量合格的，发包人也无须向承包人支付工程价款
   D. 因一方违约导致施工合同解除的，违约方应当赔偿因此给对方造成的损失

32. 某建设工程项目，监理人发出的开工通知载明开工日期为 2024 年 1 月 5 日，2024 年 1 月 8 日预付了 5% 的工程款，由于发包人原因未及时取得该工程施工许可证，尚不具备开工条件，并于 2024 年 1 月 15 日告知了承包人实际情况，发包人于 2024 年 1 月 20 日取得施工许可证。根据有关规定，开工日期为（　　）。
   A. 2024 年 1 月 5 日  B. 2024 年 1 月 8 日
   C. 2024 年 1 月 15 日  D. 2024 年 1 月 20 日

33. 关于解决工程价款结算争议的说法，正确的是（　　）。
   A. 当事人约定垫资利息，承包人请求按照约定支付利息的，不予支持
   B. 当事人对欠付工程款利息计付标准没有约定的，按照同期同类贷款利率或者同期贷款市场报价利率计息
   C. 建设工程承包人行使优先权的期限为 1 年
   D. 欠付工程款的利息从当事人起诉之日起算

34. 建设工程施工合同对付款时间没有约定或者约定不明，则应付款时间为（　　）。
   A. 建设价款确定之日

B. 建设工程已竣工验收的，为竣工验收合格之日

C. 建设工程未交付的，工程款价也未结算的，为当事人起诉之日

D. 建设工程未交付的，为竣工结算完成之日

35. 甲公司向乙公司购买50吨水泥，后甲通知乙需要更改购买数量，但一直未明确具体数量。交货期届至，乙将50吨水泥交付给甲，甲拒绝接受，理由是已告知要变更合同。关于双方合同关系的说法，正确的是（　　）。

    A. 由乙承担损失

    B. 甲可根据实际情况部分接收货物

    C. 双方合同已变更，乙送货构成违约

    D. 甲拒绝接收货物，应承担违约责任

36. 订立合同的两个公司合并，使他们之间既存的债权债务归于消灭，这种事实是债权债务的（　　）。

    A. 抵销　　　　　　　　　　　　B. 提存

    C. 混同　　　　　　　　　　　　D. 免除

37. 王某与张某签订了二手房屋买卖合同，王某按约定支付了购房款。张某的妹妹知道后对王某购置的房屋主张部分权利，并得到了张某的认可。对此，王某向张某提出了索赔要求，张某应（　　）。

    A. 承担权利瑕疵担保责任　　　　B. 与王某签订补充合同

    C. 承担物的瑕疵担保责任　　　　D. 不承担任何责任

38. 关于租赁合同的内容和类型的说法，正确的是（　　）。

    A. 租赁期限超过20年的租赁合同无效

    B. 双方没有约定时，承租人可以转租

    C. 租赁合同应当采取书面形式

    D. 出租人知道或者应当知道承租人转租，但是在6个月内未提出异议的，视为出租人同意转租

39. 根据《建筑起重机械安全监督管理规定》，应当报废的起重机械是（　　）。

    A. 需要大修才能达到安全技术标准的

    B. 超过制造厂家规定的使用年限的

    C. 无安全技术档案的

    D. 无齐全有效的安全保护装置的

40. 某工程监理单位在实施监理过程中，发现现场存在安全事故隐患，且情况严重。对此监理单位应采取的措施是（　　）。

    A. 要求施工单位对存在的安全事故隐患进行整改

    B. 要求施工单位采取有效措施保证生产安全

    C. 要求施工单位暂时停止施工，并及时报告建设单位

    D. 直接向建设单位和有关主管部门报告

41. 《建筑施工企业安全生产管理机构设置及专职安全生产管理人员配备办法》规定，二级和二

级以下建筑施工总承包资质序列企业配置专职安全生产管理人员应不少于（　　）人。

A. 3　　　　　　B. 2　　　　　　C. 4　　　　　　D. 6

42. 关于施工单位项目负责人施工现场带班制度的说法，错误的是（　　）。

A. 项目负责人是工程项目质量安全管理的第一责任人，应对工程项目落实带班制度负责

B. 一般情况下，项目负责人在同一时期只能承担一个工程项目的管理工作

C. 项目负责人每月带班生产时间不得少于本月施工时间的60%

D. 因其他事务需离开施工现场时，应向工程项目的建设单位请假，经批准后方可离开

43. 关于危险性较大的分部分项工程专项施工方案的说法，正确的是（　　）。

A. 危险性较大的分部分项工程实行施工总承包的，专项施工方案可以由施工总承包单位组织编制

B. 危险性较大的分部分项工程实行分包的，专项施工方案应当由相关专业分包单位组织编制

C. 施工企业应当组织召开专家论证会对全部危险性较大的分部分项工程专项施工方案进行论证

D. 分包单位编制危险性较大的分部分项工程专项施工方案的，应当由施工总承包单位技术负责人及分包单位技术负责人共同审核签字并加盖单位公章

44. 某施工企业承揽拆除旧体育馆工程，作业过程中，体育馆屋顶突然坍塌，造成20人死亡，11人重伤。根据《生产安全事故报告和调查处理条例》，该事故属于（　　）。

A. 特别重大事故　　　　　　　　B. 重大事故

C. 一般事故　　　　　　　　　　D. 较大事故

45. 某办公楼项目实行施工总承包，装饰部分施工实行专业分包，在装饰施工中发生重大安全生产事故，则应由（　　）负责上报事故。

A. 建设单位　　　　　　　　　　B. 施工总承包单位

C. 分包单位　　　　　　　　　　D. 现场监理单位

46. 关于工程建设标准的说法，正确的是（　　）。

A. 企业应当公开其执行的强制性标准、推荐性标准、团体标准或者企业标准的编号和名称

B. 团体标准仅供本团体成员约定采用

C. 团体标准的技术要求不得高于推荐性标准的相关技术要求

D. 团体标准、企业标准应当通过标准信息公共服务平台向社会公开

47. 实行施工总承包的，隔震减震装置应当由（　　）完成。

A. 具有相应资质的专业分包单位　　B. 总承包单位

C. 建设单位　　　　　　　　　　D. 监理单位

48. 关于无障碍设施建设的说法，错误的是（　　）。

A. 无障碍设施应当与主体工程同步规划、同步设计、同步施工、同步验收、同步交付使用

B. 工程建设单位应当将无障碍设施建设经费纳入工程建设项目概预算

C. 工程建设单位不得明示或者暗示设计、施工单位违反无障碍设施工程建设标准

D. 工程建设、设计、施工等单位应当采用先进的理念和技术，建设人性化、系统化、智能化并与周边环境相协调的无障碍设施

49. 关于建设工程依法实行工程监理的说法，正确的是（　　）。

A. 建设单位应当委托该工程的设计单位进行工程监理

B. 工程监理单位不能与建设单位有隶属关系

C. 工程监理单位不能与该工程的设计单位有利害关系

D. 建设单位应当委托具有相应资质等级的工程监理单位进行监理

50. 建设工程施工总承包企业可以将专业工程分包。下列关于工程质量责任承担的说法，正确的是（　　）。

A. 分包工程质量由分包企业负总责

B. 分包工程质量由分包企业单独承担责任

C. 总承包单位对分包工程质量承担连带责任

D. 分包企业接受总承包企业的质量管理，可不承担责任

51. 关于工程建设缺陷责任期确定的说法，错误的是（　　）。

A. 发包人导致竣工迟延的，在承包人提交竣工验收报告后进入缺陷责任期

B. 缺陷责任期一般为1年，最长不超过2年

C. 缺陷责任期一般从工程通过竣工验收之日起计

D. 承包人导致竣工验收迟延的，缺陷责任期从实际通过竣工验收之日起计

52. 暂时不能开工的建设用地，超过（　　）个月的，应当进行绿化、铺装或者遮盖。

A. 1　　　　　　　　　　　　B. 3

C. 2　　　　　　　　　　　　D. 6

53. 经有关部门依法办理批准手续后，可以在历史文化名城、名镇、名村保护范围内进行的活动是（　　）。

A. 修建生产、储存腐蚀性物品的仓库

B. 改变园林绿地、河湖水系等自然状态的活动

C. 占用保护规划确定保留的道路

D. 在历史建筑上刻划

54. 某施工企业的下列工作人员中，有权要求公司签订无固定期限劳动合同的是（　　）。

A. 张某在该企业连续工作满8年

B. 王某在该企业工作2年，并被董事会任命为总经理

C. 赵某在该企业累计工作了12年，但中间曾离开过企业

D. 李某与该企业已经连续订立2次固定期限劳动合同，但因工负伤不能从事原工作

55. 按照《劳动合同法》及相关法规的规定，下列关于劳动者可以单方解除劳动合同的表述中，正确的是（　　）。

A. 劳动者提前30天以书面形式通知用人单位，可解除劳动合同

B. 劳动者在试用期内提前15天通知用人单位，方可解除劳动合同

C. 劳动者被非法限制人身自由强迫劳动的，不得解除劳动合同

D. 劳动者不满意用人单位的严格管理，可随时解除劳动合同

56. 王某的日工资为80元。政府规定2022年10月1日至7日放假7天，其中3天属于法定休假日，4天属于前后两周的周末休息日。公司安排王某在这7天加班不能安排补休，则该公司应当向王某支付加班费合计（　　）元。

A. 560　　　　　　　　　　　　B. 1 360

C. 800　　　　　　　　　　　　D. 1 120

57. 下列关于仲裁开庭的说法，正确的是（　　）。

A. 仲裁应当开庭进行，当事人也可以协议不开庭

B. 仲裁应当不开庭进行，当事人也可以协议开庭

C. 仲裁不公开进行，当事人协议公开的必须公开

D. 仲裁公开进行，当事人可以协议不公开

58. 关于民事诉讼管辖权异议的说法，正确的是（　　）。

A. 人民法院受理案件后，当事人对管辖权有异议的，应当在法庭辩论终结前提出

B. 人民法院对当事人提出的异议，审查后认为异议成立的，裁定驳回起诉

C. 当事人未提出管辖异议，并应诉答辩或者提出反诉的，视为受诉人民法院有管辖权，但违反级别管辖和专属管辖规定的除外

D. 当事人不服地方人民法院管辖异议裁定的，有权在裁定书送达之日起15日内向上一级人民法院提起上诉

59. 在下列证据的应用中，不能单独作为认定案件事实依据的是（　　）。

A. 无民事行为能力人所作的与其年龄、智力状况或者精神健康状况相当的证言

B. 没有疑点的视听资料、电子数据

C. 与原件、原物核对无误的复制件、复制品

D. 当事人的陈述

60. 项目经理甲因劳资纠纷被工人乙起诉，人民法院作出判决后，甲表示不服，准备上诉，则下列说法错误的是（　　）。

A. 甲为上诉人

B. 甲应在判决书送达之日起15日内上诉

C. 甲已口头表示上诉，可在上诉期后补交上诉状

D. 当事人直接向第二审人民法院上诉的，第二审人民法院应当在5日内将上诉状移交原审人民法院

二、多项选择题（共20题，每题2分。每题的备选项中，有2个或2个以上符合题意，至少有1个错项。错选，本题不得分；少选，所选的每个选项得0.5分）

61. 关于法的效力层级，下列表述中正确的有（　　）。

A. 部门规章之间、部门规章与地方政府规章之间具有同等效力，在各自的权限范围内施行

B. 法律之间对同一事项的新的一般规定与旧的特别规定不一致，不能确定如何适用时，

由全国人民代表大会常务委员会裁决

C. 行政法规之间对同一事项的新的一般规定与旧的特别规定不一致，不能确定如何适用时，由国务院裁决

D. 根据授权制定的法规与法律规定不一致，不能确定如何适用时，由国务院裁决

E. 地方性法规的法律地位和法律效力仅次于宪法和法律，高于行政法规和部门规章

62. 甲开发企业于2022年3月1日取得了一宗住宅土地的使用权，2023年3月1日拟转让给乙施工企业。下列表述中正确的有（　　）。

A. 未经建设用地使用权出让部门批准，不得转让

B. 甲、乙应该签订书面转让合同，并应该办理变更登记

C. 转让合同约定的年限不得超过土地的剩余年限

D. 乙自合同签订时取得该土地的使用权

E. 如果土地上已经有了建筑物，则该建筑物同土地必须一同转让给乙

63. 下列企业事业单位中，应当缴纳环境保护税的有（　　）。

A. 依法设立的城乡污水集中处理、生活垃圾集中处理场所超过国家和地方规定的排放标准向环境排放应税污染物的

B. 贮存或者处置固体废物不符合国家和地方环境保护标准的

C. 在中华人民共和国管辖的其他海域，直接向环境排放应税污染物的

D. 向依法设立的污水集中处理、生活垃圾集中处理场所排放应税污染物的

E. 在符合国家和地方环境保护标准的设施、场所贮存或者处置固体废物的

64. 根据《民法典》规定，对构成委托代理终止情形的说法，正确的有（　　）。

A. 代理人辞去委托，委托代理终止

B. 委托人可以随时解除委托合同

C. 受托人可以随时解除委托合同

D. 解除合同造成对方损失的，解除方应当赔偿对方的直接损失和合同履行后可以获得的利益

E. 解除合同造成对方损失的，除不可归责于该当事人的事由外，无偿委托合同的解除方应当赔偿因解除时间不当造成的直接损失

65. 关于建设工程总承包的说法，正确的有（　　）。

A. 具有相应资质的设计单位和施工单位组成联合体，可以承接工程总承包

B. 联合体各方应当共同与建设单位签订工程总承包合同，就工程总承包项目承担连带责任

C. 建设单位应当采用招标方式选择工程总承包单位

D. 工程总承包单位应当具有与工程规模相适应的工程设计资质或施工资质

E. 工程总承包单位不得是该工程总承包项目的监理单位、造价咨询单位、招标代理单位

66. 依法必须进行施工招标的工程建设项目，可以采用邀请招标的情形有（　　）。

A. 项目受自然环境限制，只有少数潜在投标人可供选择

B. 施工主要技术采用不可替代的专利或者专有技术

C. 采用公开招标方式的费用占项目合同金额的比例过大

D. 有特殊要求的

E. 承包商、供应商或者服务提供者少于3家，不能形成有效竞争

67. 关于投标保证金的说法，正确的有（　　）。

A. 两阶段招标中要求提交投标保证金的，应在第一阶段提出

B. 投标保证金不得超过招标项目估算价的2%

C. 投标保证金有效期应当与投标有效期一致

D. 招标人应当在中标通知书发出后5日内退还中标人的投标保证金

E. 未中标的投标人的投标保证金及利息，招标人应当在签约后5日内退还

68. 根据《招标投标法》及相关规定，关于投标文件的说法，正确的有（　　）。

A. 对未通过资格预审的投标文件，招标人应当签收保存

B. 在招标文件要求提交投标文件的截止时间后送达的投标文件，招标人应当拒收

C. 不同投标人的投标文件在同一文印店装订的，视为投标人相互串通投标

D. 投标文件应当对招标文件提出的实质性要求与条件作出响应

E. 联合体各方在同一招标项目中以自己名义单独提交的投标文件无效

69. 某政府投资的工程项目向社会公开招标，并成立了评标委员会，该项目技术特别复杂、专业性要求特别高，则下列说法正确的有（　　）。

A. 评标委员会由该市的建设行政主管部门负责组建

B. 评标委员会成员的名单在开标时予以公布

C. 评标委员会由9人组成，其中技术、经济等方面的专家为6人

D. 评标委员会可以要求投标人对含义不明的内容作出澄清或者说明

E. 招标人可以直接授权评标委员会确定中标人

70. 6月1日，甲、乙双方签订建材买卖合同，总价款为100万元，约定由买方支付定金30万元。由于资金周转困难，买方于6月10日交付了25万元，卖方予以签收。下列说法正确的有（　　）。

A. 买卖合同是主合同，定金合同是从合同

B. 买卖合同自6月10日起成立

C. 买卖合同自6月1日起成立

D. 若卖方不能交付货物，应返还50万元

E. 若买方不履行购买义务，仍可以要求卖方返还5万元

71. 关于保证期间债权债务转让的说法，正确的有（　　）。

A. 债权人和债务人未经保证人书面同意，协商变更主债权债务合同的履行期限，保证期间不受影响

B. 第三人加入债务的，保证人的保证责任不受影响

C. 债权人许可债务人转让部分债务，未经保证人书面同意，保证人不再承担保证责任

D. 债权人和债务人未经保证人书面同意，协商变更主债权债务额度，保证人仍对变更后的债务承担保证责任

E. 债权人转让债权，未经保证人书面同意的，该转让对保证人不发生效力

72. 根据《建筑施工企业安全生产许可证管理规定》，安全生产许可证颁发管理机关可以撤销已经颁发的安全生产许可证的情形有（　　）。
   A. 安全生产许可证颁发管理机关工作人员滥用职权颁发安全生产许可证的
   B. 安全生产许可证颁发管理机关工作人员超越法定职权颁发安全生产许可证的
   C. 安全生产许可证颁发管理机关工作人员违反法定程序颁发安全生产许可证的
   D. 安全生产许可证颁发管理机关工作人员对不具备安全生产条件的施工企业颁发安全生产许可证的
   E. 取得安全生产许可证的施工企业发生较大安全生产事故的

73. 安全生产中，施工作业人员的权利包括（　　）。
   A. 了解其作业场所和工作岗位存在的危险因素、防范措施和事故应急措施
   B. 对施工现场的作业条件中存在的安全问题提出批评、检举和控告
   C. 获得符合国家标准或行业标准的劳动防护用品
   D. 发现直接危及人身安全的紧急情况时，有权停止作业并撤离作业场所
   E. 发现事故隐患立即向本单位负责人报告

74. 根据《房屋建筑工程和市政基础设施工程实行见证取样和送检的规定》，下列各项中，属于必须实施见证取样和送检的试块、试件和材料的有（　　）。
   A. 填充墙的混凝土小型砌块　　　　B. 混凝土中使用的掺加剂
   C. 用于承重结构的钢筋及连接接头试件　　D. 地下、屋面、厕浴间使用的防水材料
   E. 用于拌制混凝土和砌筑砂浆的水泥

75. 建设工程竣工验收应当具备的条件包括（　　）。
   A. 完成建设工程设计和合同约定的主要内容
   B. 有工程使用的主要建筑材料、建筑构配件和设备的进场试验报告
   C. 有勘察、设计、施工、工程监理等单位分别签署的质量合格文件
   D. 有施工单位签署的工程保修书
   E. 有建设单位签署的质量合格文件

76. 根据《女职工劳动保护特别规定》中对女职工特殊保护的规定，用人单位不得安排延长工作时间和夜班劳动的劳动者有（　　）。
   A. 未满16周岁的女职工　　　　B. 怀孕7个月以上的女职工
   C. 经期女职工　　　　　　　　D. 哺乳未满1周岁婴儿的女职工
   E. 怀孕5个月以上的女职工

77. 职工有（　　）情形的，不能认定为工伤。
   A. 故意犯罪的　　　　　　　　B. 患职业病的
   C. 自残或者自杀的　　　　　　D. 醉酒或者吸毒的
   E. 在抢险救灾等维护国家利益、公共利益活动中受到伤害的

78. 企业拖欠劳动报酬，劳动者在处理该争议时，不得采取的途径有（　　）。
   A. 向企业劳动争议调解委员会申请调解

B. 向用人单位所在地的劳动争议仲裁委员会申请仲裁

C. 向双方约定的劳动争议仲裁委员会申请仲裁

D. 直接向人民法院起诉

E. 直接向人民法院申请支付令

79. 关于仲裁协议的说法，正确的有（　　）。

   A. 仲裁协议应当采用书面形式

   B. 仲裁协议可以是口头订立的，但需双方认可

   C. 仲裁协议必须在争议发生前达成

   D. 没有仲裁协议，也就无法进行仲裁

   E. 有效的仲裁协议排除了人民法院对合同争议的管辖权

80. 人民法院审理行政案件，以（　　）为依据。

   A. 部门规章　　　　　　　　B. 法律

   C. 行政法规　　　　　　　　D. 地方性法规

   E. 地方政府规章